高级 C 语言程序设计(上)

主　编:李腊元　贺　杰

副主编:刘智珺　万　臣

编　者:(以姓氏笔画为序)

万　臣　王晶晶　刘智珺

李腊元　杨　彦　贺　杰

胡艳蓉　徐　冬　黄　铂

潘天恒　潘雪峰

华中师范大学出版社

内 容 简 介

《高级C语言程序设计(上)》全面介绍了C语言的基本概念和各种语句以及程序设计的基本方法和技能。全书共有12章:第1章C语言概述,第2章数据及其类型,第3章运算符和表达式,第4章基本语句,第5章条件控制语句,第6章循环,第7章数组,第8章函数,第9章结构与联合,第10章指针,第11章文件,第12章编译预处理。本书可作为普通高等学校、大专院校计算机、自动化、管理、电子信息、通信、机电等专业的本、专科教材及教学参考书,也可供有关人员阅读。

新出图证(鄂)字 10 号

图书在版编目(CIP)数据

高级C语言程序设计(上)/李腊元,贺杰主编.
—武汉:华中师范大学出版社,2012.6(2013年1月重印)
ISBN 978-7-5622-5476-8

I.①高…　Ⅱ.①李…②贺…　Ⅲ.①C语言—程序设计—高等学校—教材　Ⅳ.①TP312

中国版本图书馆 CIP 数据核字(2012)第 082838 号

高级 C 语言程序设计(上)

主　　编:李腊元　贺　杰©

责任编辑:裴媛媛　　　　　责任校对:易　雯　　　　　封面设计:罗明波
选题策划:第二编辑室　　　电话:027—67867362
出版发行:华中师范大学出版社
地　　址:湖北省武汉市洪山区珞喻路 152 号　　　邮编:430079
电话:027—67863426　67863280　67861367(发行部)　　027—67861321(邮购)
传真:027—67863291
网址:http://www.ccnupress.com　　　　　电子信箱:hscbs@public.wh.hb.cn
印刷:武汉市新华印刷有限责任公司　　　督印:章光琼
字数:280 千字
开本:787mm×1092mm　1/16　　　　　印张:11
版次:2012 年 6 月第 1 版　　　　　　印次:2013 年 1 月第 2 次印刷
印数:3 001—6 000　　　　　　　　定价:22.00 元

欢迎上网查询、购书

前　言

《高级 C 语言程序设计》分上、下两册。《高级 C 语言程序设计(上)》全面地介绍了 C 语言的基本概念和各种语句以及运用这些概念和语句进行程序设计的基本方法和技能。《高级 C 语言程序设计(下)》则包括了大量的实例和练习。

《高级 C 语言程序设计(上)》全书共有 12 章:第 1 章 C 语言概述由胡艳蓉编写,第 2 章数据及其类型由徐冬编写,第 3 章运算符和表达式由李腊元编写,第 4 章基本语句由黄铂编写,第 5 章条件控制语句由王晶晶编写,第 6 章循环由万臣编写,第 7 章数组由刘智珺编写,第 8 章函数和第 11 章文件由贺杰编写,第 9 章结构与联合由潘天恒编写,第 10 章指针由潘雪峰编写,第 12 章编译预处理由杨彦编写。

全书由主编李腊元教授统稿审定。

参加本书编写的作者是在高校长期从事计算机教学的教师,有的在高校从教 40 多年,有十分丰富的教学经验。编者在编写本书的过程中,注意以读者及学生为本,从实际出发,贯彻了循序渐进、深入浅出的原则。

高级程序设计 C 语言是一种使用广泛、最受欢迎的计算机程序设计语言,该语言拥有许多众所周知的优点,本书将成为读者学习和掌握这门计算机程序设计语言的良师益友。

在本书编写和出版的过程中,编者曾得到李晓燕教授和华中师范大学出版社的大力支持和帮助,在此深表谢意。

由于水平有限,书中难免存在漏误和不妥之处,敬请批评指正。

编　者
2012 年 4 月

目　录

第1章　C语言概述

本教材主要介绍和讲解高级程序设计语言 C 的基本概念、语法规则,各种数据类型的定义和使用,运算符及表达式的使用规则,程序的流程控制结构作用及选择结构和循环结构的设计方法,函数的基本概念、定义和调用过程,数组、结构体、共用体和指针的定义及使用方法,编译预处理及文件。

本章将介绍计算机语言的发展简况和高级程序设计语言 C 的特点。

1.1　计算机语言的发展

计算机语言是用来描述数据计算过程和处理过程的一种符号系统,是进行程序设计的一种工具,它经历了以下几个发展阶段:

1.机器语言

机器语言是计算机发展初期使用的语言。所谓机器语言就是由机器指令组成的指令系统。机器指令是以二进制代码形式给出的,因此用机器指令编写程序相当复杂和繁琐,程序难读,难调试,并且缺乏通用性,不同的计算机有各自不同的指令系统。

2.汇编语言

汇编语言是一种面向机器的符号系统,它使用便于记忆的符号来代替机器指令,相对于机器语言而言,汇编语言前进了一步,它便于理解和记忆,但汇编语言大部分还是和机器指令一一对应的,语句功能不强,因此用汇编语言编写程序仍然很繁琐,花费时间,无通用性,所以汇编语言与机器语言同属于计算机低级语言。

3.高级语言

计算机高级语言是一种比较接近自然语言和数学语言的计算机语言。高级语言可分为面向过程语言和面向对象语言。

面向过程语言有:FORTRAN、BASIC、COBOL、PASCAL、C、Ada 等。

面向对象语言有:C++、Java 等。

1.2　C语言的发展和特点

C语言是一种计算机程序设计语言。它既有高级语言的特点,又具有汇编语言的特点。它可以作为系统设计语言编写工作系统应用程序,也可以作为应用程序设计语言编写不依赖计算机硬件的应用程序。因此,它的应用范围广泛,主要表现在以下几方面:

C语言应用比较广泛,不仅仅是在软件开发上,各类科研都是需要用到C语言的。例如学习计算机硬件、单片机以及嵌入式系统都可以用C语言来开发。

C语言发展如此迅速,而且成为最受欢迎的语言之一,主要是因为它具有强大的功能。许多著名的系统软件,例如 dBASE-Ⅲplus、dBASE-Ⅳ 都是用 C 语言编写的。用 C 语言加上一些汇编语言子程序,就更能显示 C 语言的优势了,例如 PC-DOS、WORDSTAR 等就是用这种方法编写的。

对操作系统和应用程序系统以及需要对硬件进行操作的场合,用 C 语言明显优于其他解释型高级语言,有一些大型应用软件也是用 C 语言编写的。另外 C 语言具有可移植性,并具备很强的数据处理能力和绘图能力,因此适于编写系统软件,二维、三维图形和动画。它是数值计算的高级语言。

常用的 C 语言 IDE(集成开发环境)有 Microsoft Visual C++,Borland C++,Watcom C++,Borland C++,Borland C++Builder,Borland C++3.1 for DOS,Watcom C++11.0 for DOS,GNU DJGPP C++,LCCWIN32 C Compiler 3.1,Microsoft C,High C,Turbo C,Dev-C++,C-Free,WIN-TC 等。

1.2.1　C 语言的发展简况

C 语言的原型是 ALGOL 60 语言(也称为 A 语言)。1963 年,剑桥大学将 ALGOL 60 语言发展成为 CPL(Combined Programming Language)语言。1967 年,剑桥大学的 Matin Richards 对 CPL 语言进行了简化,于是产生了 BCPL 语言。1970 年,美国贝尔实验室的 Ken Thompson 将 BCPL 语言进行了修改,并为它起了一个有趣的名字"B 语言",意思是将 CPL 语言煮干,提炼出它的精华。他用 B 语言编写了第一个 UNIX 操作系统。而在 1973 年,B 语言也被人"煮"了一下,美国贝尔实验室的 Dennis M. Ritchie 在 B 语言的基础上最终设计出了一种新的语言,他取了 BCPL 的第二个字母作为这种语言的名字,这就是 C 语言。为了推广 UNIX 操作系统,1977 年 Dennis M. Ritchie 发表了不依赖于具体机器系统的 C 语言编译文本《可移植的 C 语言编译程序》。

1978 年,Brian W. Kernighian 和 Dennis M. Ritchie 出版了名著《The C Programming Language》,从而使 C 语言成为目前世界上流行最广泛的高级程序设计语言。1987 年,随着微型计算机的日益普及,出现了许多 C 语言版本。由于没有统一的标准,这些 C 语言之间出现了一些不一致的地方。为了改变这种情况,美国国家标准研究所(ANSI)为 C 语言制定了一套 ANSI 标准,成为现行的 C 语言标准,即经典的 87 ANSI C。1990 年,国际化标准组织 ISO(International Standard Organization)接受了 87 ANSI C 为 ISO C 的标准(ISO 9899-1990)。1994 年,ISO 修订了 C 语言的标准。目前流行的 C 语言编译系统大多是以 ANSI C 为基础进行开发的,但不同版本的 C 语言编译系统实现的语言功能和语法规则略有差别。

1.2.2　C 语言的特点

C 语言是一种结构化语言。它层次清晰,便于按模块化方式组织程序,易于调试和维护。C 语言的表现能力和处理能力极强。它不仅具有丰富的运算符和数据类型,便于实现各类复杂的数据结构,它还可以直接访问内存的物理地址,进行位(bit)一级的操作。由于 C 语言实现了对硬件的编程操作,因此 C 语言集高级语言和低级语言的功能于一体,既可以用于系统软件的开发,也可以用于应用软件的开发。

1.简洁紧凑、灵活方便

C 语言一共只有 32 个关键字、9 种控制语句,程序书写自由,主要用小写字母表示。它把高级语言的基本结构和语句与低级语言的实用性结合起来。C 语言可以像汇编语言一样对位、字节和地址进行操作，而这三者是计算机最基本的工作单元。下面将 C 语言与 PASCAL 语言做以下比较，如表 1-1 所示。

表 1-1　C 语言与 PASCAL 语言的对比

C 语言	PASCAL 语言	含义
{　　}	BEGIN…END	复合语句
if (e)　S;	IF (e) THEN S;	条件语句
int i;	VAR i:INTEGER;	定义 i 为整型变量
int a[8];	VAR a:ARRAY[1..8]OF INTEGER;	定义 a 为整型一维数组
int ＊p;	VAR p:↑INTEGER;	定义 p 为指向整型变量的指针变量
i＋＝5;	i:＝i+5;	赋值语句使 i+5→i
i＋＋,＋＋i;	i:＝i+1;	i 自增值 1,i+1→i

2.运算符丰富

C 语言的运算符包含的范围很广泛，共有 34 个运算符。C 语言把括号、赋值、逗号等都作为运算符处理。从而使 C 语言的运算类型极其丰富；表达式类型多样化，灵活使用各种运算符可以实现在其他高级语言中难以实现的运算。

3.数据结构丰富

C 语言的数据类型有：整型、实型、字符型、数组类型、指针类型、结构体类型、联合体型等，能用来实现各种复杂的数据类型的运算，并引入了指针概念，使程序效率更高。另外 C 语言具有强大的图形功能，支持多种显示器和驱动器，且计算功能和逻辑判断功能强大。

4.C 语言是结构式语言

结构式语言的显著特点是代码及数据的分隔化，即程序的各个部分除了必要的信息交流外彼此独立。这种结构化方式可使程序层次清晰，便于使用、维护以及调试。C 语言是以函数形式提供给用户的，这些函数可被方便地调用，并具有多种循环、条件语句控制程序流向，从而使程序完全结构化。

5.C 语言语法限制不太严格、程序设计自由度大

一般的高级语言语法检查比较严，能够检查出几乎所有的语法错误。而 C 语言允许程序编写者有较大的自由度。

6.C 语言允许直接访问物理地址，可以直接对硬件进行操作

C 语言既具有高级语言的功能，又具有低级语言的许多功能，能够像汇编语言一样对位、字节和地址进行操作，而这三者是计算机最基本的工作单元，可以用来写系统软件。

7.C 语言程序生成代码质量高，程序执行效率高

一般只比汇编程序生成的目标代码效率低 10%～20%。

8.C 语言适用范围大，可移植性好

C 语言有一个突出的优点就是适合多种操作系统，例如 DOS、UNIX，也适用于多种机型。

当然，C 语言也有自身的不足，例如：C 语言的语法限制不太严格，对变量的类型约束不

严格，影响程序的安全性等。从应用的角度来看，C 语言比其他高级语言较难掌握。

C 语言既有高级语言的特点，又具有汇编语言的特点；既能用来编写不依赖计算机硬件的应用程序，又能用来编写各种系统程序，是一种受欢迎、应用广泛的程序设计语言。因此，它被广泛地移植到了各类型计算机上，从而形成了多种版本的 C 语言。

目前最流行的 C 语言有以下几种：

①Microsoft C 或称 MS C

②Borland Turbo C 或称 Turbo C

③AT&T C

这些 C 语言版本不仅实现了 ANSI C 标准，而且在此基础上各自作了一些扩充，使之更加方便、完美。在 C 语言的基础上，1983 年，贝尔实验室的 Bjarne Strou-strup 推出了 C++。C++进一步扩充和完善了 C 语言，成为一种面向对象的程序设计语言。C++目前流行的最新版本是 Borland C++4.5，Symantec C++6.1 和 Microsoft Visual C++2.0。C++提出了一些更为深入的概念，它所支持的面向对象的概念容易将问题空间直接地映射到程序空间，为程序员提供了一种与传统结构程序设计不同的思维方式和编程方法，因而也增加了整个语言的复杂性，掌握起来有一定难度。

C 语言已经成为全球程序员所使用的公共编程语言，并由此产生了当前程序设计的两个主流语言C++和 Java，它们都是建立在 C 语言的语法和基本结构基础上的。因此，掌握了 C 语言，再进一步学习C++和 Java 就能以一种熟悉的语法来学习面向对象的语言，从而达到事半功倍的效果。

1.3　程序设计

1.3.1　简单的 C 语言程序

为了说明 C 语言程序的结构，先看以下几个程序。这几个程序由易到难，表现了 C 语言源程序在组成结构上的特点。虽然有关内容还未介绍，但可从这些例子中了解组成一个 C 语言源程序的基本部分和书写格式。

【例1.1】　屏幕输出"C 语言世界 www.vcok.com，您好！"

```
main(  )
{
printf("c 语言世界 www.vcok.com，您好！\n");
}
```

main 是主函数的函数名，表示这是一个主函数。每一个 C 语言源程序都必须有且只能有一个主函数（main 函数）。函数调用语句，printf 函数的功能是把要输出的内容送到显示器去显示。printf 函数是一个由系统定义的标准函数，可在程序中直接调用。

【例1.2】　求某一个数的正弦值。

```
#include ⟨math.h⟩
#include ⟨stdio.h⟩
main(  )
```

```
{
double x,s;
printf("input number:\n");
scanf("%lf",&x);
s=sin(x);
printf("sine of %lf is %lf\n",x,s);
}
```

程序的功能是从键盘输入一个数 x,求 x 的正弦值,然后输出结果。在 main( )之前的两行称为预处理命令(详见后面)。预处理命令还有其他几种,这里的 include 称为文件包含命令,其意义是把引号""或尖括号〈〉内指定的文件包含到本程序来,成为本程序的一部分。被包含的文件通常是由系统提供的,其扩展名为.h,因此也称为头文件或首部文件。C 语言的头文件中包括了各个标准库函数的函数原型。因此,凡是在程序中调用一个库函数时,都必须包含该函数原型所在的头文件。在本例中使用了三个库函数:输入函数 scanf,正弦函数 sin 和输出函数 printf。sin 函数是数学函数,其头文件为 math.h,因此在程序的主函数前用 include 命令包含了 math.h 文件。scanf 函数和 printf 函数是标准输入输出函数,其头文件为 stdio.h,在主函数前也用 include 命令包含了 stdio.h 文件。

需要说明的是,C 语言规定对 scanf 和 printf 这两个函数可以省去对其头文件的包含命令。所以在本例中也可以删去第二行的包含命令♯include。同样,在例 1.1 中使用了 printf 函数,也省略了包含命令。

在例题中的主函数体中又分为两部分,一部分为说明部分,另一部分为执行部分。说明部分是指变量的类型说明。例题中未使用任何变量,因此无说明部分。C 语言规定,源程序中所有用到的变量都必须先说明,后使用,否则将会出错。这一点是编译型高级程序设计语言的一个特点,与解释型的 BASIC 语言是不同的。说明部分是 C 语言源程序结构中很重要的组成部分。本例中使用了两个变量 x 和 s,用来表示输入的自变量和 sin 函数值。由于 sin 函数要求这两个量必须是双精度浮点型,故用类型说明符 double 来说明这两个变量。说明部分后的称为执行部分或执行语句部分,用以完成程序的功能。

第一行是输出语句,调用 printf 函数,在显示器上输出提示字符串,请操作人员输入自变量 x 的值。

第二行为输入语句,调用 scanf 函数,接受键盘上输入的数并存入变量 x 中。

第三行是调用 sin 函数并把函数值送到变量 s 中。

第四行是调用 printf 函数,输出变量 s 的值即 x 的正弦值,程序结束。

在前两个例子中用到了输入函数 scanf 和输出函数 printf,在后面章节中我们会详细介绍。这里我们先简单介绍一下它们的格式。scanf 函数和 printf 函数这两个函数分别称为格式输入函数和格式输出函数。其意义是按指定的格式输入值和输出值。因此,这两个函数在括号中的参数表都由以下两部分组成:

"格式控制串",参数表格式控制串是一个字符串,必须用双引号括起来,它表示了输入输出量的数据类型。在 printf 函数中还可以在格式控制串内出现非格式控制字符,这时在显示屏幕上将原文照印。参数表中给出了输入或输出的量。当有多个量时,用逗号间隔。例如:

```
printf("sine of %lf is %lf\n",x,s);
```

其中 %lf 为格式字符,表示按双精度浮点数处理。它在格式串中出现两次,对应 x 和 s 两个变量。其余字符为非格式字符则照原样输出在屏幕上。

【例1.3】 求两个整数中的较大值。

```
#include <stdio.h>
int max(int a,int b);/* 函数说明 */
main( )/* 主函数 */
{int x,y,z;/* 变量说明 */
printf("input two numbers:\n");
scanf("%d%d",&x,&y);/* 输入 x,y 值 */
z=max(x,y);/* 调用 max 函数 */
printf("maxnum=%d",z);/* 输出 */
}
int max(int a,int b) /* 定义 max 函数 */
{
if(a>b)
return a;/* 把结果返回主函数 */
else
return b;
}
```

上面例中程序的功能是由用户输入两个整数,程序执行后输出其中较大的数。本程序由主函数和 max 函数组成,函数之间是并列关系。可从主函数中调用其他函数。max 函数的功能是比较两个数,然后把较大的数返回给主函数。max 函数是一个用户自定义函数,因此在主函数中要给出说明(程序第二行)。可见,在程序的说明部分中,不仅可以有变量说明,还可以有函数说明。关于函数的详细内容将在第五章介绍。在程序的每行后用/* 和 */括起来的内容为注释部分,程序不执行注释部分。

上例中程序的执行过程是:首先在屏幕上显示提示串,请用户输入两个数,回车后由 scanf 函数语句接收这两个数送入变量 x,y 中,然后调用 max 函数,并把 x,y 的值传送给 max 函数的参数 a,b。在 max 函数中比较 a,b 的大小,把大者返回给主函数的变量 z,最后在屏幕上输出 z 的值。

1.3.2 C 语言程序的特点

通过上一节几个例子可以看出 C 语言有以下基本结构:

1. C 语言程序由函数构成

一个 C 语言程序均可由多个函数组成,但任何一个源程序必须包含一个且只能包含一个 main 函数,程序总是从 main 函数开始执行的。

2. 函数由两个部分构成

(1)函数的首部,即函数的第一行。包括函数名、函数类型、函数属性、函数参数(形参)名、参数类型。

(2)函数体,即函数首部下面的大括号{}内的部分。如果一个函数内有多个大括号,则最外层的一对{}为函数体的范围。函数体包括声明部分(即定义变量)及执行部分(具体语句)。

声明部分:可以定义所用到的变量,在声明部分中要对所调用的函数进行声明。

执行部分:由若干个语句组成。

注意,在某些特殊情况下也可以没有声明部分,甚至可以既无声明部分,也无执行部分。

3.书写格式自由

C 语言程序书写格式自由,一行可以写几个语句,一个语句也可以分写在多行上。

如:int a,b,c=3,d=4;

也可以写成:

```
int a,b,
c=3,d=4;
```

4.每个基本语句后必须以";"结束

每个语句和数据定义的最后必须有一个分号。分号是 C 语句的必要组成部分。如:

```
z=x+y;
```

分号必不可少,即使是程序中最后一个语句也应包含分号。

5.程序中可以使用注释

可以用/ * … * /对程序中任何一部分做解释。一个好的、有使用价值的源程序都应当加上必要的注释,以增加程序的可读性。

6.变量必须先定义再使用

C 语言程序编写过程中,在使用每一个变量前都必须先定义其相应的数据类型。若变量在使用前没有定义其相应的数据类型,则程序在进行编译连接时,系统会提示"程序中变量未被定义"的字样。

1.3.3　C 语言书写规则

1.一般情况下,一个说明或一个语句占一行。

2.用{}括起来的部分,通常表示了程序的某一层次结构。{}一般与该结构语句的第一个字母对齐,并单独占一行。

3.低一层次的语句可比高一层次的语句或说明缩进若干格后书写。以便看起来更加清晰,增加程序的可读性。

在编写程序时应力求遵循这些规则,以养成良好的编程风格。

1.3.4　C 语言的字符集

字符是组成语言的最基本的元素。C 语言字符集由字母、数字、空格、标点和特殊字符组成。在字符常量、字符串常量和注释中还可以使用汉字或其他可表示的图形符号。

1.字母:小写字母 a~z 共 26 个,大写字母 A~Z 共 26 个。

2.数字:0~9 共 10 个。

3.空白符

空格符、制表符、换行符等统称为空白符。空白符只在字符常量和字符串常量中起作用。在其他地方出现时,只起间隔作用,编译程序对它们忽略。因此在程序中使用空白符与否,对程序的编译不发生影响,但在程序中适当的地方使用空白符可以增加程序的清晰性和可读性。

　　4.标点符号:'　　"　　;　　:

　　5.特殊符号:\　　_　　$　　#

1.4　算法

　　学习计算机程序设计语言的目的是要用语言作为工具,设计出可供计算机运行的程序。

　　在拿到一个需要求解的问题之后,怎样才能编写出程序呢? 除了选定合理的数据结构外,一般来说,十分关键的一步是设计算法,有了一个好的算法,就可以用任何一种计算机高级语言把算法转换为程序(编写程序)。

　　算法是指为解决某个特定问题而采取的确定且有限的步骤。一个算法应当具有以下五个特性:

　　1.有穷性。一个算法包含的操作步骤应该是有限的。也就是说,在执行若干个操作步骤之后,算法就会结束,而且每一步都在合理的时间内完成。

　　2.确定性。算法中每一条指令必须有确切的含义,不能有二义性,对于相同的输入必能得出相同的执行结果。

　　3.可行性。算法中指定的操作,都可以通过已经验证过的、可以实现的基本运算执行有限次后实现。

　　4.有零个或多个输入。在计算机上实现的算法是用来处理数据对象的,在大多数情况下这些数据对象需要通过输入来得到。

　　5.有一个或多个输出。算法的目的是为了求"解",这些"解"只有通过输出才能得到。

　　算法可以用各种描述方法来进行描述,最常用的是伪代码和流程图。伪代码是一种近似于高级语言但又不受语法约束的一种语言描述方式。这在英语国家中使用起来更为方便。流程图也是描述算法的很好的工具。由这些基本图形中的框和流程线组成的流程图来表示算法,形象直观,简单方便。但是,这种流程图对于流程线的走向没有任何限制,可以任意转向,在描述复杂的算法时所占篇幅较多,费时费力且不易阅读。

　　随着结构化程序设计方法的出现,1973 年,美国学者 I. Nassi 和 B. Shneiderman 提出了一种新的流程图形式,这种流程图表去掉了流程线,算法的每一步都用一个矩形框来描述,把一个个矩形框按执行的次序连接起来就是一个完整的算法。这种流程图以两位学者名字的第一个英文字母命名,称为 N-S 流程图。在下一节中将结合结构化程序设计中的三种基本结构来介绍这种流程图的基本结构。

1.5　C 语言程序结构

　　从程序流程的角度来看,程序可以分为三种基本结构,即顺序结构、分支结构、循环结构。这三种基本结构可以组成所有的各种复杂程序。

1．顺序结构

顺序结构的程序设计是最简单的，只要按照解决问题的顺序写出相应的语句就行，它的执行顺序是自上而下，依次执行。

例如：a＝3，b＝5，现交换 a，b 的值，这个问题就好像交换两个杯子，这当然要用到第三个杯子。假如第三个杯子是 c，那么正确的程序为：c＝a；a＝b；b＝c；执行结果是 a＝5，b＝c＝3。如果改变其顺序，写成：a＝b；c＝a；b＝c；则执行结果就变成 a＝b＝c＝5，不能达到预期的目的，初学者最容易犯这种错误。顺序结构可以独立使用构成一个简单的完整程序，常见的输入、计算、输出"三部曲"的程序就是顺序结构，例如计算圆的面积，其程序的语句顺序就是输入圆的半径 r，计算 s＝3.14159＊r＊r，输出圆的面积 s。不过大多数情况下顺序结构都是作为程序的一部分，与其他结构一起构成一个复杂的程序，例如选择结构中的复合语句、循环结构中的循环体等。

2．选择结构

顺序结构的程序虽然能解决计算、输出等问题，但不能做判断再选择。对于要先做判断再选择的问题就要使用选择结构。选择结构的执行是依据一定的条件选择执行路径，而不是严格按照语句出现的物理顺序。选择结构的程序设计方法的关键在于构造合适的选择条件和分析程序流程，根据不同的程序流程选择适当的选择语句。选择结构适合于带有逻辑或关系比较等条件判断的计算，设计这类程序时往往都要先绘制其程序流程图，然后根据程序流程写出源程序，这样做把程序设计分析与语言分开，使得问题简单化，易于理解。

3．循环结构

循环结构是指按照指定的条件重复执行某个指定的程序段。另外，循环结构的三个要素是：循环变量、循环体和循环终止条件。循环结构在程序框图中是利用判断框来表示，判断框内写上条件，两个出口分别对应着条件成立和条件不成立时所执行的不同指令，其中一个要指向循环体，然后再从循环体回到判断框的入口处。

C 语言中提供四种循环，即 goto 循环、while 循环、do-while 循环和 for 循环。四种循环可以用来处理同一问题，一般情况下它们可以互相代替换，但一般不提倡用 goto 循环，因为强制改变程序的顺序经常会给程序的运行带来不可预料的错误，在学习中我们主要学习while、do-while、for 三种循环。常用的三种循环结构学习的重点在于弄清它们的相同与不同之处，以便在不同场合下使用，这就要清楚三种循环的格式和执行顺序，将每种循环的流程图理解透彻后就会明白如何替换使用，如把 while 循环的例题，用 for 语句重新编写一个程序，这样能更好地理解它们的作用。特别要注意在循环体内应包含趋于结束的语句（即循环变量值的改变），否则就可能成了一个死循环，这是初学者的一个常见错误。

顺序结构、选择结构和循环结构并不彼此孤立的，在循环中可以有选择结构和顺序结构，选择结构中也可以有循环结构和顺序结构，其实不管哪种结构，我们均可广义地把它们看成一个语句。在实际编程过程中常将这三种结构相互结合以实现各种算法，设计出相应的程序。

1.6　上机步骤

要想把写好的程序运行，达到预期的目的，则要经过以下几个步骤：

1．程序的编辑

我们在上机操作之前应该先编写好解决某个问题的 C 语言源程序，然后用一种编辑软件（编辑器）将编写好的 C 程序输入计算机，并以文本文件的形式保存到计算机的磁盘上。编辑的结果是建立 C 语言源程序文件，该文件的后缀名必须为".c"或".cpp"（一般由编辑器自动加上）。

C 语言程序习惯上使用小写英文字母，常量和其他用途的符号可用大写字母。C 语言对大、小写字母是有区别的，关键字必须小写。

2. 程序的编译

编译是指将编辑好的源文件翻译成二进制目标代码的过程。编译过程是使用 C 语言提供的编译程序（编译器）完成的。不同操作系统下的各种编译器的使用命令不完全相同，使用时应注意计算机环境。编译时，编译器首先要对源程序中的每一个语句检查语法错误，当发现错误时，就在屏幕上显示错误的位置和错误类型的信息。此时，要再次调用编辑器进行查错修改。然后，再进行编译，直至排除所有的语法和语义错误。正确的源程序文件经过编译后在磁盘上生成目标文件（后缀名为.obj 的文件）。

3. 程序的连接

连接就是把目标文件和其他必需的目标程序模块（这些目标程序模块是分别编译而生成的目标文件）以及系统提供的标准库函数连接在一起，生成可以运行的可执行文件的过程。连接过程使用 C 语言提供的连接程序（连接器）完成，生成的可执行文件（后缀名为.exe 的文件）存到磁盘中。

4. 程序的运行

程序运行生成可执行文件后，就可以在操作系统控制下运行。若执行程序后达到预期目的，则 C 语言程序的开发工作到此完成。否则，要进一步检查修改源程序，重复编辑—编译—连接—运行的过程，直到取得预期结果为止。整个流程图如图 1-1 所示。

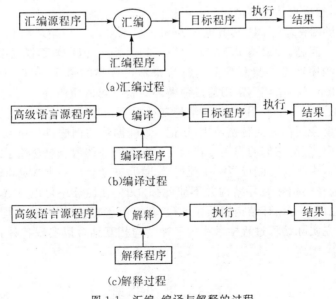

（a）汇编过程

（b）编译过程

（c）解释过程

图 1-1　汇编、编译与解释的过程

第2章 数据及其类型

C语言的数据类型非常丰富,学习和掌握这些基本内容是用C语言编写程序的基础。本章主要介绍了C语言的基本数据类型、C语言认可的常量及其表示法、C语言中变量的数据类型及变量的说明方法。通过本章的学习,读者应重点掌握C语言的基本数据类型、变量的说明方法以及最简单的程序设计方法。

C语言中处理的对象就是数据,有了这些不同类型的数据,就为解决具体问题带来了极大的方便,C语言具有的数据类型主要如下:

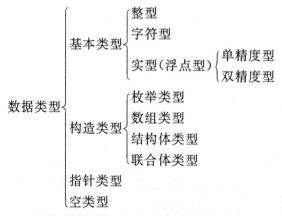

对于基本数据类型量,按其取值是否可改变又分为常量和变量两种。在程序执行过程中,其值不发生改变的量称为常量,取值可变的量称为变量。

在这里主要介绍C语言的三种基本数据类型:整型、浮点型、字符型以及这三种数据类型的常量和变量的应用。

2.1 常量和变量

2.1.1 常量

常量又称常数,是指在程序运行过程中其值不能被改变的量,常量按其属性也分为不同的类型。

(1)整型常量:如21,−5,9等。

(2)实型常量:如3.2,−0.14,3.1415等。

(3)字符常量:如'a','A'将字母a和A用单引号引起分别代表两个不同的字符常量。

(4)符号常量:用标识符代表一个常量。在C语言中,可以用一个标识符来表示一个常量,称之为符号常量。

①符号常量在使用之前必须先定义;

②其一般形式为:

♯define 标识符　常量

其中♯define 也是一条预处理命令(预处理命令都以"♯"开头),称为宏定义命令(在后面预处理程序中将进一步介绍),其功能是把该标识符定义为其后的常量值。一经定义,以后在程序中所有出现该标识符的地方均代之以该常量值。

习惯上符号常量的标识符用大写字母,变量标识符用小写字母,以示区别。

【例2.1】　计算一个圆的面积。

```
♯define PI 3.1415
♯include〈stdio.h〉
main( )
{
    int R;
    float S;
    printf ("Enter R:");
    scanf ("%d",&R);
    S=PI * R * R;
    printf ("%f",S);
}
```

(1)用标识符代表一个常量,称为符号常量。

(2)符号常量与变量不同,它的值在其作用域内不能改变,也不能再被赋值。

(3)使用符号常量的好处是:

① 含义清楚;

② 能做到一改全改。

2.1.2　变量

1.变量

变量是指在程序运行过程中,其值可以被改变的量。每一个变量都有一个名字,并根据其类型不同在计算机内存中分配到一定的存储单元。用该存储单元可以来存放变量的值,如图 2-1 所示。

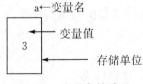

图 2-1　变量存储单元

注意,区分变量名和变量值两者之间有联系但又有区别,变量名是一个符号地址,在程序运行过程中每一个变量名都会被分配一个内存地址,变量值则是存放在该存储单元中的数据。在程序运行时从变量中调用其值,其实是通过变量名找到相应的内存地址,在其存储单元之中读取数据。

2. 变量的定义

C 语言中使用的变量都要作类型强制定义,即要求遵循"先定义,后使用"的原则。

变量定义的一般格式:

数据类型 变量 1,变量 2,…,变量 n;

例如:

int x; /* 将 x 定义成整型 */

float x,y,z; /* 将 x,y,z 定义成浮点型 */

变量在调用前必须先定义,这样可以避免变量名的录入错误,看下列程序:

【例2.2】 求变量 a,b 的和。

```
♯include ⟨stdio. h⟩
main ( )
{
    int a,b;
    a=3,b=4;
    s=a+b;
    printf("%d",s);
}
```

以上程序在编译时会检查出 s 未被定义,不能作为变量名。因此系统输出"变量 s 未被声明"的信息,便于用户出现错误,及时改正。

3. 标识符

在程序设计语言中,变量是以名字来标识的,在编程过程中,经常要用到标识符这一概念。标识符是指编程过程中用到的变量名、符号常量名、数组名、函数名、类型名、文件名的有效字符序列。

在 C 语言中规定标识符只能由字母(包括大小写)、数字和下划线组成,且第一个字符只能是字母或下划线。以下均为合法的标识符和变量名:

name, age, year, day, A1, _3_6_9, Day, li_ming,

在以上标识符中,Day 和 day 是两个不同的变量名。C 语言中字母区分大小写。这一点是和其他高级语言最大的区别。

理论上,标识符的长度是不受限制的,但实际上,各种程序设计语言都规定了一个有效长度。C 语言编译系统也有自己的规定,例如 IBM PC MSC 的有效标识符长度为 8 个字符,如果程序中出现的变量名长度大于 8 个字符时,只有前面 8 个字符有效。例如:student_sex 和 student_sum 因前 8 个字符相同所以这个变量时难以区分的,事实上,这时可改写成 stu_sex 和 stu_sum 即可。在 Turbo C 系统中允许 32 个字符,因此,在进行程序设计前应了解所使用的编译系统中对变量名长度的规定,以免造成变量使用上的混乱。

此外,C 语言中的关键字不能用做变量名。关键字是 C 语言中预先定义的符号,它们都有固定的含义,可以直接使用它们来命名 C 语言中的语句。

2.2　数据类型

2.2.1　整型数据

1. 整型常量

整型常量即通常提到的整常数，在 C 语言中，整型常量可以用三种数据表示。

（1）八进制整型常量：如果整型常量是以数字 0 开头，那么它就是八进制形式表示的整型常量，例如：0123 表示八进制的 123，其值为 $1 \times 8^2 + 2 \times 8^1 + 3 \times 8^0$，即为十进制的 83，其每个数字位可以是 0~7。

（2）十进制整型常量：例如：123，132，−21 等，其每个数字位可以是 0~9。

（3）十六进制整型常量：如果整型常量以 0x 或 0X 开头，那么这就是十六进制形式表示的整型常量。例如 0x123 表示十六进制的 123，其值为 $1 \times 16^2 + 2 \times 16^1 + 3 \times 16^0$，即为十进制的 291，其每个数字位可以是 0~9，A~F。

2. 整型变量

整型变量可以分为以下几种类型：

（1）基本型：类型说明符为 int，在内存中占 2 个字节。

（2）短整型：类型说明符为 short int 或 short，所占字节和取值范围均与基本型相同。

（3）长整型：类型说明符为 long int 或 long，在内存中占 4 个字节。

（4）无符号型：类型说明符为 unsigned。

无符号型又可与其余三种类型匹配而构成：

无符号基本型：类型说明符为 unsigned int 或 unsigned。

无符号短整型：类型说明符为 unsigned short。

无符号长整型：类型说明符为 unsigned long。

表 2-1　ANSI 标准定义的整数类型

类型	比特数	最小取值范围
[signed] int	16	−32768~32767 即 $-2^{15} \sim (2^{15}-1)$
unsigned int	16	0~65535 即 $0 \sim (2^{16}-1)$
[signed] short [int]	16	−32768~32767 即 $-2^{15} \sim (2^{15}-1)$
unsigned short [int]	16	0~65535 即 $0 \sim (2^{16}-1)$
long [int]	32	−2147483648~2147483647 即 $-2^{31} \sim (2^{31}-1)$
unsigned long [int]	32	0~4294967295 即 $0 \sim (2^{32}-1)$

在表 2-1 中，[singed] int 表示有符号基本整型，unsiged int 表示无符号基本整型，在整型变量的说明符 int 的前面加上修饰符：signed、unsigned、long 和 short 后，就可以说明一个变量是有符号的、无符号的、长整型的或短整型的。

对于整型变量来说，有如下几点要注意：

（1）如果在定义一个整型变量时含有修饰符 signed、unsigned、long 和 short 等，那么 int 可以省略不写。例如：long int y; 与 long y; 说明的变量含义相同。

（2）int 在前面没有修饰符时,默认为是带符号的。即 int 就是 signed int。

（3）signed int 与 unsigned int 的区别在于对数（二进制）的最高位的解释不同。对于前者,把最高位当作符号位看待;对于后者,最高位仍用于存储数据。

2.2.2　实型数据

1.实型常量

实型常量有如下两种表示形式：

（1）十进制形式:它由数字和小数点组成（必须有小数点）。例如:3.1415,0.123,.301 等。

（2）指数形式:它由小数和指数两部分组成,之间用字母 e 或 E 分隔,例如:1234.56e2 和 1234.56E2 都代表 1234.56×10^2。但在使用指数形式时一定要注意:字母 e 或 E 之前必须为数字,且 e 后面的指数必须为整数,以下均为非法的实型常量：

　　　　0.5e2.1, 3e3.5, .e2, e

在常用的 PC 系统中,一个实型数据在内存中占有 4 个字节（32 位）,而实型数据在其系统中是按照指数形式存储的,系统把一个实型数据分成小数部分和指数部分分别存放。指数形式在输出时按规范化的指数形式输出,即字母 e（或 E）前面的小数部分中,小数点左边有且只有一位非零数字。例如:实数 3.1415926 在内存中的存放形式,如图 2-2 所示。

图 2-2　3.1415926 在内存中的存放形式

图 2-2 中的数是用十进制数来示意的,实际上在计算中是用二进制来表示小数部分以及用 2 的幂次来表示指数部分的。

注意:所用实数类型均为有符号实型数,没有无符合实数。

在 4 个字节中,究竟用多少位来表示小数部分,多少位来表示指数部分,标准 C 语言中并无具体规定,由各 C 语言编译系统自定,在 Turbo C 编译系统中,以 24 位表示小数部分和数符,以 8 位表示指数部分和指数的符号。小数部分占的位数越多,数的有效数字越多,精度越高。指数部分占的位数越多,能表示的数值范围就越大。

2.实型变量

实型变量指的是只能存放和处理实型数据的变量。

C 语言中实型变量分为三种:单精度（以 float 表示）、双精度（以 double 表示）和长精度（以 long double 表示）,其数值表示范围如表 2-2 所示。

表 2-2　各种实型数据所占位数和数的范围

数据类型	有效数字	所占位数	数的绝对值范围
float	7～8	32	$10^{-37} \sim 10^{38}$
double	15～16	64	$10^{-307} \sim 10^{308}$
long double	18～19	80	$10^{-4931} \sim 10^{4932}$

通过表 2-2 可以看出单精度浮点型变量和双精度浮点型变量之间的差异,仅仅体现在所能表示的数的精度上,如果单精度浮点型所提供的精度不能满足要求时,则可以考虑使用双精度浮点型。在不同的系统中,float 型数据和 double 型数据所提供的精度是有差异的,一般来讲,在同一个系统中,double 型变量值的最大有效位数通常是 float 型变量值的两倍。

对实型变量在使用前必须对其进行定义,定义形式如下:

float　a,b,c;　/ * 定义 a,b,c 三个变量均为单精度实数 * /

double　d;　　/ * 定义 d 变量为双精度实数 * /

long double　e;　/ * 定义 e 变量为长双精度实数 * /

在程序运行过程中,任何一个实型常量既可以赋值给 float 型变量,也可以赋值给 double 型变量,因 float 型变量和 double 型变量各自精度不同,故在赋值时,将根据变量的类型来截取相应的有效位数。

由于实型变量是由有限的存储单元组成的,因此能提供的有效数字总是有限的,在有效位数以外的数字将被舍去,由此可能会产生一些误差。例如:1.0/3 * 3 结果并不等于 1。

2.2.3　字符数据

1.字符常量

字符常量是指用一对单引号括起来的一个字符。例如'a','5','?'。其中的单引号只起定界作用,并不表示字符本身,所以单引号被称为字符常量的"定界符"。

C 语言中的字符常量具有确定的数值,这是由字符的 ASCII 代码值来确定的,例如'a'和'A'的 ASCII 码值分别等于 97 和 65。同时,C 语言中的字符常量可以和数值一样参与运算,这是 C 语言的一个特点。为此我们可以总结出在 C 语言中,字符常量有以下特点:

(1)字符常量只能用单引号括起来,不能用双引号或其他括号。

(2)字符常量只能是单个字符,不能是字符串。

(3)字符可以是字符集中任意字符。但数字被定义为字符型之后就不能直接参与数值运算。例如'3'和 3 是不同的。'3'是字符常量,不能参与运算;而 3 是数值常量,可以直接参与数值运算。

在 C 语言中,还允许使用一些特殊形成的字符常量,这些字符常量都是以反斜线字符"\"开头的字符序列。表 2-3 中列出的是常用的以"\"字符开头的特殊字符。

表 2-3　常用转义字符及其含义

字符形式	含义	ASCII
\n	换行,将当前位置移到下一行开头	10
\t	水平制表(跳带下一个 tab 位置)	9
\b	退格,将当前位置移到前一列	8
\r	回车,将当前位置移到本行开头	13
\f	换页,将当前位置移到下页开头	12
\\	反斜杠字符"\"	92
\'	单引号字符	39

字符形式	含义	ASCII
\"	双引号字符	34
\ddd	1 到 3 位八进制数所代表的字符	
\xhh	1 到 2 位十六进制数所代表的字符	

转义字符是指将反斜线(\)后面的字符转换成另外的意义,例如在编程过程中经常用到的'\n'不代表字母 n 而作为"换行"符。

【例2.3】　转义字符的使用。

```
main(   )
{printf(" ab c\t de\rf\tg\n");
printf("h\ti\b\bj k");
}
```

程序中没有设字符变量,用 printf 函数直接输出双引号内的各个字符。请注意其中的转义字符。第一个 printf 函数先在第一行左端开始输出" ab c",然后遇到"\t",它的作用是"跳格",即跳到下一个"制表位置",在我们所用的系统中一个"制表区"占 8 列。"下一制表位置"从第 9 列开始,故在第 9～11 列上输出" de"。接着遇到"\r",它代表"回车"(不换行),返回到本行最左端(第一列),输出字符"f",然后遇到"\t"再使当前输出位置移到第 9 列,输出"g"。最后遇到"\n",作用是"使当前位置移到下一行的开头"。第二个 printf 函数先在第 1 列输出字符"h",后面的"\t"使当前位置跳到第 9 列,输出字母"i",然后当前位置应移到下一列(第 10 列)准备输出下一个字符。下面遇到两个"\b","\b"的作用使"退一格",因此"\b\b"的作用是使当前位置回退到第 8 列,接着输出字符"j k"。

程序运行时在打印机上得到以下结果:

fab c　　gde

h　　　　jik

注意在显示屏上最后看到的结果与上述打印结果不同,是:

f　　　　gde

h　　　　j k

这是由于"\r"使当前位置回到本行开头,自此输出的字符(包括空格和跳格所经过的位置)将取代原来屏幕上该位置上显示的字符。所以原有的" ab c　　　"被新的字符"f　　　　g"代替,其后的"de"未被新字符取代。换行后先输出"h　　　　i",然后光标位置移到 i 右面一列处,再退两格后输出"j k",j 面的" "将原有的字符"i"取而代之,因此屏幕上看不到"i"。实际上,屏幕上完全按程序要求输出了全部的字符,只是因为在输出前面的字符后很快又输出后面的字符,在人们还未看清楚之时,新的已取代了旧的,所以误以为未输出应输出的字符。而在打印机输出时,不像显示屏那样会"抹掉"原字符,留下不可磨灭的痕迹,它能真正反映输出的过程和结果。

2. 字符串常量

字符串常量是由一对双引号括起的字符序列。例如:"CHINA","C program","＄12.5"等都是合法的字符串常量。

　　字符串常量和字符常量是不同的量。它们之间主要有以下区别:

　　字符常量由单引号括起来,字符串常量由双引号括起来。

　　字符常量只能是单个字符,字符串常量则可以含有一个或多个字符。

　　可以把一个字符常量赋予一个字符变量,但不能把一个字符串常量赋予一个字符变量。在 C 语言中没有相应的字符串变量。这是与 BASIC 语言不同的。但是可以用一个字符数组来存放一个字符串常量。关于数组的相关知识在后面章节中将予以介绍。

　　字符常量占一个字节的内存空间。字符串常量占的内存字节数等于字符串中字节数加 1。增加的一个字节中存放字符"\0"(ASCII 码为 0),这是字符串结束的标志。

　　例如:

　　字符串 "C program" 在内存中所占的字节为:

C		p	r	o	g	r	a	m	\0

　　字符常量'a'和字符串常量"a"虽然都只有一个字符,但在内存中的情况是不同的。

　　'a'在内存中占一个字节,可表示为:

a

　　"a"在内存中占两个字节,可表示为:

a	\0

　　读者在使用字符常量和字符串常量时一定要注意二者的区别,例如:'x'是字符常量,"x"是字符串常量,二者是不一样的。看下列语句:

```
char c;
c='x';
```

　　以上语句定义一个字符变量 C,其值为'x',绝对不能写成:

```
char c;
c="x";
```

　　3. 字符型变量

　　字符型变量简称字符型,用标准类型名 char 表示,字符型数据对象的值是系统内定的。字符集中的一个字符用 8 位来存放,在计算机内存中以该字符的 ASCII 码值存储,事实上,字符型数据和整型数据在使用时可以相互转换,也可以混合使用,可把字符型看作是一种特殊的整型数据。

　　字符型变量用来存放字符常量,它能存放且只能存放一个字符。它的定义形式如下:

```
char c1,c2;
```

　　c1,c2 分别被定义为字符型变量,可以对它们进行如下赋值:

```
c1='a';c2='A';
```

　　编译系统规定以一个字节来存放一个字符。将一个字符常量存放到一个字符变量中,实际上并不是把该字符本身存放到内存单元中去,而是将该字符相应的 ASCII 码值存放到存储单元中。例如前面提到的字符'a'的 ASCII 码值为 97,'A'的 ASCII 码值为 65,这样在内存中变量 c1,c2 的值实际上就是 97 和 65。

　　【例2.4】　字符与整数的转换。

```
#include〈stdio.h〉
main()
{
```

```
    char c1,c2;
    c1='a';
    c2='A';
    c1=c1+1;
    c2=c2+2;
    printf("%c,%c\n",c1,c2);
    printf("%d,%d\n",c1,c2);
}
```

运行结果为：

　b , C

　98,67

　　c1,c2 分别被定义为字符型变量,将字符'a'赋给 c1,其 ASCII 码值为 97,将 97 放到 c1
内存单元之中去,同样字符'A'的 ASCII 码值为 65,将 65 放到 c2 内存单元中去。再将 c1
加 1 得到 98,c2 加 2 得到 67,分别放到 c1 和 c2 内存单元中去,"%c"是输出字符必须使用
的格式符,因此上例第 9 行输出 b,C,"%d"是输出整数必须使用的格式符,故第 10 行输出
98,67。

　　由上例可以看出,字符数据在内存中以 ASCII 值存储,它的存储形式就与整数的存储
形式类似,所以 C 语言中字符型数据和整型数据之间可以通用。一个字符数据既可以以字
符形式输出,也可以以整数形式输出。以字符形式输出时,需要先将存储单元中的 ASCII
码转换成相应字符,然后输出。以整数形式输出时,直接将 ASCII 码作为整数输出。也可
以对字符数据进行算术运算,此时相当于对他们的 ASCII 码进行算术运算。

2.3　变量赋值

　　C 语言中在调用某些变量前常要对其赋初值,其赋值如下：

　　1.全部赋值法。对变量先说明其类型,再对变量赋值。例如：

```
    int a,b;
    float c,d;
    a=3,b=4;
    c=2.1,d=3.56;
```

　　2.部分赋值法。对多个变量定义的同时可以对部分变量赋初值,例如：

```
    int a;
    int b=3;
    char c1;
    char c2='a';
```

　　表示指定 a,b 均为整型,c1,c2 为字符型,但只对 b,c2 初始化,b 的值为 3,c2 的值为
'a',当然上述语句也可以写成：

```
    int a,b=3;
```

```
char c1,c2='a';
```

对多个同类型的变量定义时,可以写在一条语句中,多个变量之间用逗号隔开。对变量赋值还可以从另外一个角度进行赋值,方法如下:

(1)静态定义。指定变量类型说明其值。

```
float x=4.5,y=4.5;
```

表示 x 和 y 的初值都是 4.5。

注意上述语句不能写成:

```
float x=y=4.5;
```

(2)动态赋值。只对变量指定其类型,根据用户的要求给变量赋值,例如:

```
♯include 〈stdio. h〉
main ( )
{
    float total,price;
    int num;
    scanf ("%f,%d",&price,&num);
    total=price * num;
    printf("total=%f",total);
}
```

程序运行如下:

输入:2.5,3 ✓

输出:total=7.5

输入:1.3,5 ✓

输出:total=6.5

从以上程序可以看到当输入 price 为 2.5,num 为 3 时,得到 total 为 7.5,当输入 price 为 1.3,num 为 5 时,得到 total 为 6.5,输入不同的 price 和 num,就可以得到相应的 total,这样就使本程序有了运用性。

注意和上述程序比较,分析其异同。

```
♯include 〈stdio. h〉
main ( )
{
    float price,total;
    int num;
    price=2.5,num=3;
    total=price * num;
    printf("total=%f",total);
}
```

第3章　运算符和表达式

运算符是表示某种操作的符号,操作的对象称为数据、运算对象或运算量,数据用运算符连接起来形成一个有意义的式子叫做表达式。本章主要讲解运算符以及由相应运算符构成的表达式。

3.1　C语言运算符简介

3.1.1　运算符的分类

C语言运算符的种类很多,按不同的方法可以分为若干类。

按运算符在表达式中的作用,C语言的运算符可以分为以下几类:

1.算术运算符:＋　－　＊　／　％

2.逻辑运算符:＆＆　||　!

3.关系运算符:＞　＜　==　＞=　＜=　!=

4.位逻辑运算符:＆　＾　|　～　＞＞　＜＜

5.赋值运算符:=　+=　-=　*=　/=　%=

6.逗号运算符:,

7.指针运算符:＊　＆

按在表达式中与运算分量的关系可为:

1.单目运算符

2.双目运算符

3.三目运算符

3.1.2　运算符的优先级与结合性

优先级:它是指运算符执行的先后顺序。表达式求值时,先按运算符优先级别从高到低的次序执行,如果在一个运算对象两侧的运算符的优先级别相同,则按规定的"结合方向"处理。

结合性:它是指运算时从左到右进行还是从右到左进行。C语言中结合性分为两种,左结合性和右结合性。

左结合性:结合的方向为自左而右。例如:算术运算符。

右结合性:结合的方向为自右而左。例如:++,--等。

如果一个运算符的两侧的数据类型不同,则会按规定先自动进行类型转换,使两侧具有同一类型,然后进行运算。表 3-1 给出了运算符的优先级与结合性。

下面给出有助于掌握 C 语言的优先级的一般规则:

1.位运算符通常加括号。

2.基本运算符( ),[ ],->和.的优先级最高。在任何情况下,括号( )是最优先的,而其他三个要比所有别的运算符优先。

3.单目运算符优先级比其他算术运算符的优先级高。

4.算术运算符优先级比关系运算符的优先级高。

5.关系运算符优先级比逻辑运算符的优先级高。

6.条件运算符的优先级比赋值运算符的优先级高。

7.赋值运算符的优先级比所有除逗号外的其他运算符的优先级低。

8.逗号运算符的优先级最低。

表 3-1　运算符的优先级与结合性

优先级	运算符	结合规则
1	( ) [ ] -> .	从左到右
2	! ~ ++ -- - *	从右到左
3	* / %	从左到右
4	+ -	从左到右
5	<< >>	从左到右
6	, <= > >=	从左到右
7	== !=	从左到右
8	&	从左到右
9	^ |	从左到右
10	&&	从左到右
11	||	从左到右
12	? :	从右到左
13	= += -= *=	从右到左

3.2　算术运算符和算术表达式

3.2.1　基本的算术运算符

+:加法运算符或正值运算符。例如:10+20;

-:减法运算符或负值运算符。例如:10-20;

*:乘法运算符。例如:10*20;

/:除法运算符。例如:10/20;

%:模运算符或求余运算符。例如:13%7;

说明:

1.两个整数相除结果是整数。例如:5/2=2,小数部分去掉。但如果除数或被除数有一个为负数,则不同机器的舍入的方向可能不一样。整数除法和实数除法的运算符都是"/",运算结果的数据类型取决于运算量。

2. 参加运算的两个数中如果有一个是实数，则结果是 double 型的，因为所有实数都按 double 型进行运算。

3. "−"运算符既是双目运算符也是单目运算符，作为单目运算符时它表示求负运算。

4. 模运算只适用于整型数，结果也是整型数。例如：13％7＝6。

3.2.2 算术表达式

算术表达式：用算术运算符将运算对象连接起来的符合 C 语言语法规则的式子叫算术表达式。运算对象包括常量、变量、函数等。例如：1+x＊y/z−2.5+'a'。

3.2.3 自增自减运算符

自增自减运算符的作用是使变量的值自增 1 或自减 1，有两种形式：

++i；−−i；在使用 i 之前，先使 i 的值加（减）1。

i++；i−−；先使用 i 的值，然后使 i 的值加（减）1。

例如，当 i 的值为 3，执行完相应的表达式语句后，i，j 的值如表 3-2 所示：

表 3-2 自增自减运算

表达式语句	i 的值	j 的值
j＝++i	4	4
j ＝i++	4	3
j＝−−i	2	2
j＝i−−	2	3

说明：

1. 自增自减运算符只适用于变量，不能用于常量或表达式，因为常量的值是不能改变的。例如：下面两个语句是不合法的。

10++；++(i+j)；

2. ++和−−的结合性是"自右而左"。例如：i=3，

j=−i++相当于 j=−(i++)，j=−3。

3. 自增自减运算符常用于循环变量自动加 1（减 1），也常用于指针变量使指针指向下（或上）一个地址。

4. 自增自减运算比等价的赋值语句生成的目标代码执行速度更快、更有效。因此凡是对变量进行加 1（减 1）的运算，最好使用自增或自减运算符。

【例3.1】 输出变量自增自减操作的值。

```
main ()
{
    int i＝8；
    printf("％d\n",++i)；
    printf("％d\n",−−i)；
    printf("％d\n",i++)；
    printf("％d\n",i−−)；
```

```
        printf("%d\n",-i++);
        printf("%d\n",-i--);
    }
```

说明：

i 的初值为 8；

第 2 行 i 加 1 后输出，故为 9；

第 3 行减 1 后输出，故为 8；

第 4 行输出 i 为 8 之后再加 1（为 9）；

第 5 行输出 i 为 9 之后再减 1（为 8）；

第 6 行输出 -8 之后再加 1（为 9）；

第 7 行输出 -9 之后再减 1（为 8）。

3.3　关系运算符和关系表达式

关系运算是逻辑运算中比较简单的一种。关系运算实际上是比较运算，表示两个运算分量之间的大小关系等。关系运算的表达式叫做关系表达式，它的值是 1 或 0，若关系表达式成立则其值为 1，否则为 0。

3.3.1　关系运算符及其优先级

C 语言中有一组（6 个）完整的关系运算符，如表 3-3 所示（表中 a＝10；b＝20）。

表 3-3　关系运算符

序号	运算符	含义	例子	结果
1	<=	小于或等于	a<=b	1
2	<	小于	a<b	1
3	>=	大于或等于	a>=b	0
4	>	大于	a>b	0
5	==	全等	a==b	0
6	!=	不等	a!=b	1

说明：

1.优先级：序号为 1、2、3、4 的关系运算符优先级相同，序号为 5、6 的关系运算符也是同一级，前者优先于后者。

2.关系运算符的优先级低于算术运算符。

3.关系运算符的优先级高于赋值运算符。

4.两个运算分量之间的关系成立时为 1，否则是 0。

5.结合性是自左而右，即左结合性。

6.主要应用在条件判定中。

3.3.2　关系表达式

用关系运算符将两个表达式连接起来的式子,称为关系表达式。关系表达式的值为1(当条件成立时)或0(当条件不成立时)。

例如:a=3;b=2;c=1,则结果如表 3-4 所示。

表 3-4　关系表达式

关系表达式	结果
a>b	1
(a>b)==c	1
b+c<a	0
a+b>b+c	1
'a'<'b'	1
(a<b)>(b<c)	0
(a<b)==(b<c)	1
a>b>c	0

3.4　逻辑运算符和逻辑表达式

C 语言有三个逻辑运算符(&&、||、!)表示与、或、非(如表 3-5 所示)。用逻辑运算符将关系表达式或逻辑量连接起来就是逻辑表达式。

3.4.1　逻辑运算符及其优先级

表 3-5　逻辑运算符

序号	运算符	含义
1	!	逻辑非
2	&&	逻辑与
3	||	逻辑或

说明:

1.优先级自高到低顺序是!,&&,||。

2.关系运算符的结果可以用逻辑运算符来组合。例如:(a<b)&&(b<c)

3.关系运算符、逻辑运算符、算术运算符、赋值运算符的优先级关系从高到低是:

　　　　!,算术运算符、关系运算符、&&、||、赋值运算符

4.逻辑运算符中&&和||是双目运算符,!是单目运算符,只有一个分量,当运算分量为假时,整个逻辑表达式的值为1,否则整个逻辑表达式的值为0。

5.&&和||是一"短路"运算符。所谓"短路"运算符是指它们从左到右计算,只要结果能够确定就不再继续运算下去。例如:

a&&b&&c   只要 a 为假,则运算结束,整个表达式值为 0。

a||b||c   只要 a 为真,则运算结束,整个表达式值为 1。

3.4.2 逻辑表达式

逻辑表达式的值应该是一个逻辑量"真"或"假"。C 语言编译系统在给出逻辑运算的结果时,以数值 1 代表"真",以数值 0 代表"假",但在判断一个量是否为"真"时,以 0 代表"假",以非 0 代表"真"。例如:a=4;b=5,结果如表 3-6 所示。

表 3-6   逻辑表达式

逻辑表达式	结果
! a	0
a&&b	1
! a||b	1
a||b	1
4&&0||2	1
5>3&&2||8<4	1
'c'&&'d'	1

逻辑运算符的两侧可以是任何类型的数据,字符型、实型、指针型等。系统最终以 0 和非 0 来判断它们属于"真"或"假"。

熟练掌握 C 语言的关系运算符和逻辑运算符后,可以巧妙地用一个逻辑表达式来表示一个复杂的条件。

【例3.2】 输出逻辑表达式的值。

```
main()
{
    char c='k';
    int i=1,j=2,k=3;
    float x=4,y=0.85;
    printf("%d,%d\n",! x*! y,!!! x);
    printf("%d,%d\n",x||i&&j-3,i<j&&x<y);
    printf("%d,%d\n",i==5&&c&&(j=8),x+y||i+j+k);
}
```

本例中! x 和! y 均为 0,! x*! y 也为 0,故其输出值为 0。由于 x 为非 0,故!!! x 的逻辑值为 0。对 x||i&&j-3 式,先计算 j-3 的值为非 0,再求 i&&j-3 的逻辑值为 1,故 x||i&&j−3的逻辑值为 1。对 i<j&&x<y 式,由于 i<j 的值为 1,而 x<y 为 0,故表达式的值为 1,0 与 1 相与,最后为 0,对 i==5&&c&&(j=8)式,由于 i==5 为假,即值为 0,该表达式由两个与运算组成,所以整个表达式的值为 0。对 x+y||i+j+k 式,由于 x+y 的值为非 0,故整个或表达式的值为 1。

3.5 位运算符

3.5.1 位逻辑运算符

位逻辑运算符主要有四种,具体如表 3-7 所示。

表 3-7 位逻辑运算符

序号	运算符	含义
1	&	位逻辑与
2	|	位逻辑或
3	~	位逻辑非
4	ˆ	位逻辑异或

说明:

1. 其意义与布尔运算一样,运算规则如表 3-8 所示。

表 3-8 运算规则表

表达式	值	表达式	值	表达式	值	表达式	值
1&1	1	0|0	0	1ˆ1	0	~1	0
1&0	0	0|1	1	1ˆ0	1		
0&1	0	1|0	1	0ˆ1	1	~0	1
0&0	0	1|1	1	0ˆ0	0		

2. 位运算符的优先级由高到低的依次是:~ & ˆ |。

3. 位运算符、关系运算符、逻辑运算符、算术运算符、赋值运算符的优先关系从高到低是:

!~ 算术运算符 关系运算符 & ˆ | && || 赋值运算符

4. 按位求反运算符"~"。

按位求反运算符"~"是单目运算符,会将其操作数的每个二进制位的值取反,即 0 变 1,1 变 0。例如,对八进制数 036 按位求反,即~036。

036 的二进制数为:0 000 000 000 011 110。对其按位求反得:1 111 111 111 100 01。即八进制数 0177741。

5. 按位与运算符"&"。

按位与运算符"&"是双目运算符,进行按位与运算时,将两个操作数相对应的位分别进行"与"运算:只有当两个操作数相对应的位都是"1"时,其运算结果相对应的位才是"1",否则为"0"。

例如,对八进制数 053 与 065 进行按位与运算,即 053&065。

八进制数 053 的二进制数为:

0 000 000 000 101 011

八进制数 065 的二进制数为:

0 000 000 000 110 101

两数进行按位与运算：

$$
\begin{array}{r}
0\ 000\ 000\ 000\ 101\ 011 \\
\&)\quad 0\ 000\ 000\ 000\ 110\ 101 \\
\hline
0\ 000\ 000\ 000\ 100\ 001
\end{array}
$$

即 053&065＝041。

6. 按位或运算符"|"。

按位或运算符"|"也是双目运算符,进行按位或运算时,将对两个操作数相对应的位进行"或"运算:只有当两个操作数相对应的位都是"0"时,其运算结果相对应的位才是"0",否则为"1"。

例如,八进制数 021 与 042 进行按位或运算,即 021|042。

八进制数 021 的二进制数为:

$$0\ 000\ 000\ 000\ 010\ 001$$

八进制数 042 的二进制数为:

$$0\ 000\ 000\ 000\ 100\ 010$$

两数进行按位或运算：

$$
\begin{array}{r}
0\ 000\ 000\ 000\ 010\ 001 \\
|\ )\quad 0\ 000\ 000\ 000\ 100\ 010 \\
\hline
0\ 000\ 000\ 000\ 110\ 011
\end{array}
$$

即 021|042＝063。

7. 按位异或运算符"^"。

按位异或运算符"^"同样是双目运算符,进行按位异或运算时,将对两个操作数相对应的位进行"异或"运算:当两个操作数相对应的位其中一个为"1",而另一个为"0"时,运算相对应的位为"1",否则为"0"。

例如,八进制数 034 与 062 进行按位异或运算,即 034^062。

八进制数 034 的二进制数为:

$$0\ 000\ 000\ 000\ 011\ 100$$

八进制数 062 的二进制数为:

$$0\ 000\ 000\ 000\ 110\ 010$$

两数进行按位异或运算：

$$
\begin{array}{r}
0\ 000\ 000\ 000\ 011\ 100 \\
^\ )\quad 0\ 000\ 000\ 000\ 110\ 010 \\
\hline
0\ 000\ 000\ 000\ 101\ 110
\end{array}
$$

即 034^062＝056。

3.5.2 移位运算符

在 C 语言中移位运算符有两个,如表 3-9 所示。

表 3-9　移位运算符

序号	运算符	含义
1	<<	位左移
2	>>	位右移

说明：

1.它们都是双目运算符,两个运算分量都是整型量,结果也是整型量。移位运算符的左边是被移位的分量,而右边是要移位的位数。

2.左移时,右边空出的位上以 0 填补,左边的位将从字头挤掉,其值相当于用 2 去乘这个数。左移比乘法快。

3.左移运算符"<<"。

左移运算符"<<"是双目运算符,进行左移运算时,左操作数的每个二进制位向左移动若干位,移动多少由右操作数指定,从左边移出去的高位部分消失,右边空出的部分补零。

例如,八进制数 015 进行左移运算,即 045<<2。

八进制数 015 的二进制数为:

$$0\ 000\ 000\ 000\ 001\ 101$$

将该数左移 2 位得:

$$0\ 000\ 000\ 000\ 110\ 100$$

即 015<<2=064。

4. 右移运算符">>"。

右移运算符">>"是双目运算符,进行右移运算时,左操作数的每个二进制位向右移动若干位,移动多少由右操作数指定,从右边移出去的低位部分消失。对无符号数来说,左边空出的高位部分补 0,对有符号数来说,如果符号位为 0,则空出的部分补 0;否则,空出的部分要根据系统的规定补 0 或 1。

例如,八进制数 067 进行右移运算,即 067>>2。

八进制数 067 的二进制数为:

$$0\ 000\ 000\ 000\ 110\ 111$$

将该数右移 2 位得:

$$0\ 000\ 000\ 000\ 001\ 101$$

即 067>>2=015。

3.6　赋值运算符和赋值表达式

3.6.1　简单的赋值运算符

简单赋值是把一个运算表达式的值赋予一个变量。它的一般形式是:变量=运算表达式。

说明：

1.=是运算符,称为赋值运算符。

2.赋值运算符可以嵌套使用,也就是多个赋值运算结合成一个运算表达式,其运算顺序是从右向左结合。例如：x＝y＝z＝0；结果是 x，y，z 的值都是零。

3.当赋值符两边的数据类型不同时，由系统进行自动转换。其原则是，赋值符右边的数据类型转换成左边的类型。

3.6.2　复合赋值运算符

二项算术运算符与赋值运算符结合在一起，形成了复合算术赋值运算，具体如表 3-10所示。

表 3-10　算术赋值运算

运算符	名称	例子	等价
＋＝	加赋值	a＋＝b	a＝a＋b
—＝	减赋值	a—＝b	a＝a—b
＊＝	乘赋值	a＊＝b	a＝a＊b
/＝	除赋值	a/＝b	a＝a/b
％＝	取余赋值	a％＝b	a＝a％b

二项位操作运算符与赋值运算符结合在一起，形成位赋值运算，具体如表 3-11 所示。

表 3-11　位赋值运算

运算符	名称	例子	等价
＆＝	位与赋值	a＆＝b	a＝a＆b
｜＝	位或赋值	a｜＝b	a＝a｜b
＾＝	位异或赋值	a＾＝b	a＝a＾b
＞＞＝	右移赋值	a＞＞＝b	a＝a＞＞b
＜＜＝	左移赋值	a＜＜＝b	a＝a＜＜b

复合赋值运算的执行过程是：首先执行算术运算或位运算，然后把运行结果赋给第一个运算量。

3.6.3　赋值表达式

1.赋值表达式：把"变量＝运算表达式"叫做赋值表达式。它的值就是运算表达式的值。赋值表达式也是一个运算表达式。

2.在一个赋值表达式里可以有多个赋值符，也就是多个赋值运算结合成一个运算表达式，其运算顺序是从右向左结合。

【例3.3】　输出赋值表达式的值。

```
main()
{
    int a＝0；
    printf("\na＋＝10：%d", a＋＝10)；
    printf("\na—＝：%d", a—＝2)；
```

```
        printf("\na/=7：%d", a/=7);
        printf("\na<<=4：%d", a<<=10);
        printf("\na>>=2：%d", a>>=2);
        printf("\na|=7：%d", a|=7);
        printf("\na^=8：%d", a^=8);
        printf("\na&=7：%d", a&=7);
    }
```

程序运行的结果：

a+=10：10

a-=2：8

a/=7：1

a<<=4：16

a>>=2：4

a|=7：7

a^=8：15

a&=7：7

3.7　条件运算符和条件表达式

条件运算符是在两种选择中挑选其中之一,产生一个确定的结果。它是一个三目运算符。它的一般形式是:exp？ exp1:exp2。

说明:

1.条件运算符的三个表达式:exp,exp1,exp2 可以是任何合法的表达式,它们的数据类型可以相同,也可以不同。

2.执行过程:首先计算表达式 exp,如果它的值为真,则计算表达式 exp1,否则,计算表达式 exp2。

3.条件表达式。由条件运算符构成的表达式叫做条件表达式。例如:比较两个数中的较小数或较大数,求一个数的绝对值等都可以用如下语句实现:

minxy=x<y？ x:y;

maxxy=x>y？ x:y;

abs=x>0？ x:-x;

4.条件运算符的结合方向为“自右而左”。例如:

a>b？ a:c>d？ c:d 相当于:a>b？ a:(c>d？ c:d)

3.8　逗号运算符

3.8.1　逗号运算符

C语言中提供了一种特殊的运算符——逗号运算符(又称顺序求值运算符),用它把两个或多个表达式连接起来,连接后的式子就是逗号表达式。

逗号表达式的一般说明形式:

表达式 1,表达式 2,表达式 3,…,表达式 n

逗号表达式的求解过程:先求解表达式 1,再求解表达式 2,以此类推,最后求解表达式 n 的值,整个逗号表达式的值就是最后一个表达式 n 的值。例如:

a＝3＋5,10 * 2,a * 10;则先求 a＝3＋5,得 a 的值是 8,然后求解 10 * 2,得值 20,最后求 a * 10,得 80,则整个表达式的值是 80。

逗号运算符的优先级是最低的。

X＝(A＝3,6 * 3);这是赋值表达式,把逗号表达式的值赋给变量 X,赋值表达式的值是 18。

X＝A＝3,6 * 3;它是逗号表达式,由一个赋值表达式和一个算术表达式组成,逗号表达式的值是 18,变量 X 的值是 3。

3.8.2　逗号运算符的应用

1.作为变量说明的分隔符。例如 int a,b,c,d。

2.作为函数参数的分隔符。例如 printf("%c %d",m,n)。

3.作为运算符出现,连接多个表达式。

4.在 for 循环语句里,置多个初始值或修改多个控制变量。

第4章 基本语句

C程序是由语句组成的,而大多数语句又是由表达式和运算符组成的。要编写C程序,必须理解语句、表达式和运算符。本章将介绍以下内容:

1. 语句含义及分类
2. 基本语句
3. 输入输出语句

4.1 语句的概念

语句是一条完整的指令,命令计算机执行特定的任务。在C语言中,通常每条语句占一行,也有些语句占多行。C语句总是以分号结尾(♯define和♯include等预处理器编译指令除外)。前面已经介绍过一些类型的语句。例如:

x=2+3;

是一条赋值语句,它命令计算机将3和2相加,并将结果赋给变量x。

4.1.1 空白对语句的影响

空白指的是源代码中的空格、水平制表符、垂直制表符和空行。C编译器忽略空白。当编译器读取源代码中的语句时,查找语句中的字符和末尾的分号,但忽略空白。因此语句:

x=2+3;

和下面的语句等价:

X=2+3;

也和下面的语句等效:

X=2+ 3;

这在格式化源代码时有很大的灵活性,但不应采用上面这样的格式。输入语句时,每条语句应占一行,并采用标准的模式,即在变量和运算符的两边加上空格。采用格式化约定就不错。随着经验的增长,你可能喜欢采用稍微不同的约定,重要的是确保源代码易于阅读。

C语言忽略空白这一规则存在一种例外情况。字面字符串常量中的制表符和空白不被忽略,它们被视为字符串的组成部分。字符串是一系列的字符;而字面字符串常量用引号括起,编译器逐字地解释它,而不忽略其中的空格。下面是两个字面字符串("□"表示空格):

"come on go go go "

"come□□on□□go□□go□□go"

前者不同于后者,差别在于后者包含更多的空格。对于字面字符串,编译器将记录其中的空白。

再如下述代码的格式虽然很糟糕,但却是合法的:

printf(

```
"hello world!"
);
```

而下面的代码不合法：

```
printf("hello,
world!");
```

要将字面字符串常量放在多行中,必须在换行之前加上反斜杠(\)。因此下面的代码是合法的：

```
printf("Hello,\
world!");
```

4.1.2　创建空语句

让一个分号单独占一行,便创建了一条空语句。空语句不执行任何操作,但在 C 语言中是完全合法的。

4.1.3　使用复合语句

复合语句也叫代码块,是一组用花括号括起的语句。下面便是一个代码块：

```
{
printf("Hello,");
printf("world!");
}
```

在 C 语言中,可以使用单条语句的地方便可以使用代码块。也可以以其他方式排列花括号,下面的代码块同前一个例子等价：

```
{printf("Hello,");
printf("world!");}
```

让花括号单独占一行是个不错的主意,这样语句块的开始和结束位置便清晰明了,同时也容易发现遗漏了花括号的情况。

注意：①使用空白的方式应始终一致；②应让语句块中的花括号占一行,这样代码更易于阅读；③花括号应对齐,这样容易找到代码块的开始和结束位置；④在不必要的情况下,不应让单条语句占多行；⑤将字符串分多行书写时,别忘了在行尾加上反斜杠。

4.2　C 语言中的基本语句

C 语言中的一个语句是对数据进行加工处理的操作。

通常可分为以下几类：

1. 表达式语句

在一个表达式后面加上一个分号";",便构成一个表达式语句。其一般格式为：

表达式；

其中,分号";"是语句的一个组成部分,是语句的结束符。

表达式语句不同于表达式,表达式语句可以独立地出现在程序中,而表达式只能作为一个语法单位出现在语句中。例如：

①x＝2012

是一个简单赋值表达式，而

x ＝2012；

是一个表达式语句，且是一个赋值语句。

②x＋＝1

是一个复合赋值表达式，而

x＋＝1；

是一个表达式语句，且是一个复合赋值语句。

③x＝y＝z＝0

是一个多重赋值表达式，而

x＝y＝z＝0；

是一个表达式语句，且是一个多重赋值语句。

④(x＞＝0)? x：－x

是一个条件表达式，而

(x＞＝0)? x：－x；

是一个表达式语句，且是一个条件表达式语句。

⑤i＋＋

是一个表达式，而

i＋＋；

是一个语句。

⑥x＝2008,x＋2008

是一个逗号表达式，而

x＝2008,x＋2008；

是一个逗号表达式语句。

⑦x＊y＋z

是一个算术表达式，而

x＊y＋z；

是一个表达式语句，不过此语句没有赋值，意义不大。

2.函数调用语句

在函数调用之后加一个分号，便可构成函数调用语句，其一般形式为：

函数调用；

例如：getchar()

　　　scanf("％d％d",＆x,＆y)

　　　printf("It is a C program. \n")

都是函数调用，在它们之后加上分号：

getchar();

scanf("％d％d",＆x,＆y);

printf("It is a C program. \n");

就都成为函数调用语句。

3. 控制语句

控制语句用于改变程序的执行顺序。C 语言的控制语句包括：

分支语句：if 条件语句

　　　　　switch 语句

循环语句：for 语句

　　　　　while 语句

　　　　　do-while 语句

跳转语句：continue 语句

　　　　　break 语句

　　　　　goto 语句

返回值语句：return 语句

4.3　数据的输入输出

C 语言中本来没有输入语句和输出语句,但 C 语言编译系统在函数库中定义了输入函数和输出函数,输入语句和输出语句是通过调用函数库中的输入函数和输出函数来实现的。

4.3.1　数据的输入

1. getchar( )字符输入函数

函数原型为：int getchar(void);

其中,int 说明函数返回值的数据类型,void 表明函数没有参数。

函数的调用形式为：getchar( );

函数功能：从键盘接收一个输入的字符。当程序执行到 getchar 函数时,程序将暂停执行,等待用户从键盘敲入一个字符,用户敲入一个字符之后程序继续执行。

【例4.1】　利用 getchar 函数输入 1 个字符,分别存入变量 x,y 中。

```
♯include〈stdio. h〉
main( )
{
char c;
c =getchar( );
}
```

2. scanf( )格式输入函数

函数的原型为：int scanf("格式转换字符串",参数地址列表);

其中,int 是 scanf 函数返回值的类型,格式字符串用来指定输入后需要数据的格式,参数地址列表用来指定存放输入数据的位置。

函数的调用形式为：scanf("格式转换字符串",参数地址列表);

函数功能：当程序运行到 scanf 函数时,程序将暂停执行,等待用户从键盘输入数据,从标准输入设备(键盘)读入的字符流,按照格式转换字符串中的指定格式转换字符格式,并将转换后相应类型的值赋给参数地址列表所指示的所有变量。

【例4.2】　利用 scanf 函数输入 2 个整型数据，分别存入变量 x,y 中。

```
#include<stdio.h>
main()
{
int x,y;
scanf("%d,%d",&x,&y);
}
```

说明：scanf 函数的第一个参数"%d,%d"便是所谓的格式字符串。其中，符号"%"作为格式转换符的标志符，紧随其后的字符"d"即为格式转换符。在此格式字符串中，还有 1 个逗号","，它们是非格式转换符。scanf 函数的第 2 个和第 3 个参数 &x,&y 是一个地址表列。符号"&"是取地址运算符，&x,&y 分别表示变量 x,y 的地址。

当程序运行到 scanf 函数时，程序将暂停执行，等待用户从键盘输入数据，此时如果键入以下 2 个整型数据（数据之间用逗号隔开）：

11,22✓

程序将继续执行，且将 2 个整数 11、22 分别存入整型变量 x,y 中。

scanf 函数中使用的格式转换符如表 4-1 所示。

表 4-1　scanf 格式字符

格式字符	说明
d	输入十进制整数
o	输入八进制整数
x	输入十六进制整数
c	输入单个字符
f	输入实型数
e	输入指数型数
s	输入字符串

在格式转换符之前可以用一个正整数指定输入数据的域宽；ld,lo,lx 也是格式转换符，用于输入长整型数据；hd,ho,hx 格式转换符用于输入短整型数据。

①普通数值数据和字符数据输入。

【例4.3】　利用 scanf 函数从键盘输入一个实型数和一个字符，分别存入实型变量 f 和字符变量 ch 中。

```
main()
{
float f;
char ch;
scanf("%f,%c",&f,&ch);
}
```

运行该程序,当运行到 scanf 函数时将暂停执行,等待用户从键盘输入数据,此时若输入一个实型数和一个字符(实型数和字符之间用一个逗号分隔),如:

3.14,a↙

则程序继续执行,实数 3.14 和字符"a"将分别存入实型变量 f 和字符变量 ch 中。

②指定输入数据宽度的输入方式。

【例4.4】　通过指定输入数据的域宽,从键盘输入 2 个整数,分别存入整型变量 a,b 中。

```
♯include〈stdio.h〉
main( )
{
int x,y;
scanf("%3d%3d",&x,&y);
}
```

当程序执行到 scanf 函数时,若输入:

135246↙

则程序继续执行,由于在格式转换符"3d"中指明了输入数据的域宽为 3,所以整数 135 将存入变量 a 中,整数 246 将存入变量 b 中。

③包含有非格式转换符的数据输入。

【例4.5】　利用 scanf 函数,从键盘输入 2 个整数 26 和 58,分别存入整型变量 X 和 Y 中。

```
♯include〈stdio.h〉
void main( )
{
int x,y;
scanf("%d□□%d",&x,&y);
}
```

在格式字符"%d□□%d"中,符号"□"代表一个空格符,其中的两个空格符属于非格式转换符,在输入数据中也应该包含两个空格符。

当程序执行到 scanf 函数时,根据要求应从键盘输入两个整数 26 和 58,且在此两数之间还要输入两个空格,即输入:

"26□□58"↙

4.3.2　数据的输出

1. putchar( )字符输出函数

putchar 的函数原型为:int putchar(int);

函数返回值是被输出的字符,其类型为形式参数 int 型,如果出错则返回 EOF。

函数的调用形式为:putchar(c),其中,实参 c 可以是 char、short 或 int 类型的表达式。

函数功能:是向标准输出设备输出一个字符,将参数 c 以字符形式显示在屏幕上。

2. printf( )格式输出函数

printf 函数的一般格式

printf 函数的原型为:int printf("格式转换字符串",参数列表) 函数返回值为 int 类型。

函数的调用形式为:printf("格式转换字符串",参数列表);

其中,格式字符串是用一对双引号括起来的符号串,它由普通字符和格式转换符组成。参数列表是一组表达式,它们之间用逗号隔开。这些表达式可以是基本数据类型,也可以是枚举类型或指针类型。

printf 函数的功能是将参数列表中表达式的值按照格式字符串中相对应的格式输出到标准输出设备上,格式字符串中的普通字符将按原样输出在标准输出设备上。

例如:

```
#include〈stdio. h〉
void main()
{
int i=12;
float f=4.56;
printf("i=%d,f=%f\n",i,f);
}
```

说明:符号串"i=%d,f=%f\n"是格式字符串,其中符号"%"是格式转换符的标志符,紧接"%"字符的"d"与 "f" 字符都是格式转换符。格式转换符"d"与输出表中的变量 i 相对应,格式转换符"f"与输出表中的变量 f 相对应。"\n"是一个转义字符,即回车换行符。所以,输出表中变量 i 和 f 的值将分别按十进制整数和实型数的形式输出到标准输出设备上。符号串"i=%d,f=%f"中的字符"i"、"="、","、"f"和"="都是普通字符,它们将按原样输出到标准输出设备上。

执行 printf 函数时,标准输出设备上显示的结果是:

i=12,f=4.56

3. 格式转换符

printf 函数中使用的格式转换符如表 4-2 所示。

表 4-2　printf 格式字符

格式字符	输出表中相对应项类型	输出项
u	int	十进制无符号整数,lu 为长整型形式
d	int	十进制带符号整数,ld 为长整型形式
o	int	八进制无符号整数,lo 为长整型形式
x	int	十六进制无符号整数,lx 为长整型形式
c	int	单个字符形式
f	实型	小数形式
e	实型	指数形式
s	char *（字符指针）	以 '\0' 结尾的字符串形式

4. 域宽说明符

在 printf 函数的格式字符串中,符号"%"与格式转换符(d、c、s、f 等)之间可以加入域宽说明符来指定输出数据的宽度。

(1)在"%"与格式转换符之间加入一个正整数 m,例如%md,%mc,%ms。

①%md

m 指定输出字段的最小域宽。如果输出项的实际域宽大于 m,则输出按实际域宽,否则输出时向右对齐,左边补空格符。

②%mc

m 指定输出字段的最小域宽。若 m 大于一个字符的宽度,则输出项输出时向右对齐,左边补空格符。

③%ms

m 指定输出字符串所占的最小列数。若输出字符串的实际长度大于 m,则输出按字符串的实际长度,否则输出时字符串向右对齐,左边补空格符。

④%-ms

当输出字符串的实际长度小于 m 时,则输出时字符串向左对齐,右边补空格符。

(2)在"%"与格式转换符之间加入 m.n。

①%m.nf

m、n 均为正整数。m 指定输出项输出时的总域宽,包括整数部分、小数部分和小数点。n 指定输出数据的小数部分所占的列数。如果输出数据的实际域宽小于 m,则输出时向右对齐,左边补空格符。

②%-m.nf

如果输出数据的实际域宽小于 m,则输出时向左对齐,右边补空格符。

第5章　条件控制语句

本章将介绍 C 语言中实现选择结构的流程控制语句及其程序设计方法,包括 if 条件语句和 switch 多分支选择语句。

5.1　程序的三种基本结构

近年来广泛采用结构化程序设计方法,使程序结构清晰、易读性强,以提高程序设计的质量和效率。结构化程序由若干个基本结构组成,每一个基本结构可以包含一个或若干个语句。有三种基本结构:

1.顺序结构。先执行 A 操作,再执行 B 操作,两者是顺序执行的关系。图 5-1 是流程图,图 5-2 是 N-S 结构化图(下同)。

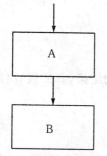

图 5-1　顺序结构流程图

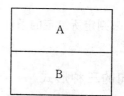

图 5-2　顺序结构 N-S 结构化图

2.选择结构。如图 5-3 和 5-4 所示,p 代表一个条件,当 p 条件成立(或称为真)时执行 A,否则执行 B。注意,只能执行 A 或 B 之一,两条路径汇合在一起后执行后面的操作。

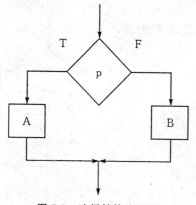

图 5-3　选择结构流程图

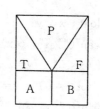

图 5-4　选择结构 N-S 结构化图

3.循环结构。有两种循环结构:

(1)当型循环结构,如图 5-5 所示。当 p 条件成立为真(T)时,反复执行 A 操作。直到 p 条件不成立为假(F)时才停止循环。

(2)直到型循环结构,如图 5-6 所示。先执行 A 操作,再判断 p 是否为真,若 p 为真,再执行 A,如此反复,直到 p 为假为止。

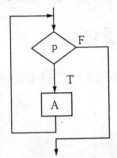　　　　　　　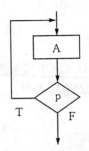

图 5-5　当型循环结构流程图　　　　　图 5-6　直到型循环结构流程图

【例5.1】　计算分段函数:

$$y=\begin{cases} 3-x & (x<0) \\ 4x & (x\geqslant 0) \end{cases}$$

计算如果 $x<0$ 条件为真,则计算:$y=3-x$;否则,计算:$y=4*x$;需要根据 x 的值进行流程选择(分支)。

5.2　if 条件语句

if 语句是用来判定所给定的条件是否满足,根据判定的结果(真或假)决定执行相应的操作。

5.2.1　if 语句的三种形式

1.单分支选择语句的形式

if(表达式)　语句1;

功能:计算表达式的值,若为真,则执行语句1;否则将跳过语句1,执行 if 语句的下一条语句。如图 5-7 所示。

说明:括号中的表达式表示控制条件,表达式的值非零为真,零为假。

上面的例 5.1 可以编写如下程序:

```
main ( )
{    float  x , y;
     scanf("%f", &x);
     if (x<0)    y=3-x;
     if (x>=0)    y=4*x;
     printf("y=%6.2f", y );
}
```

图 5-7　单分支选择语句

【例5.2】　按由小到大顺序输出三个整数。

分析:

(1)对于 a,b 任意两个数：

若 a>b,则输出 a，b；　否则输出 b，a；

(2)对于三个数,有 6 种可能：

a>b>c　a>c>b　b>a>c　b>c>a　c>a>b　c>b>a

(3)使用判断——交换法：

①若 a>b,则交换 a 和 b,交换后 a<b；

②若 a>c,则交换 a 和 c,交换后 a<c；

③若 b>c,则交换 b 和 c,交换后 b<c。

由(3)中①、②可知,a 最小,由③可知 3 个数的顺序为:a<b<c。

```c
#include<stdio.h>
main()
{
    int a,b,c,temp;
    printf("input three numbers:\n");
    scanf("%d%d%d",&a,&b,&c);
    if(a>b)
       {temp=a;a=b;b=temp;}
    if(a>c)
       {temp=a;a=c;c=temp;}
    if(b>c)
       {temp=b;b=c;c=temp;}
    printf("%d,%d,%d",a,b,c);
}
```

运行结果为：

```
input three numbers:
3 7 1↙
1,3,7
```

由 if 的单分支选择语句形成的三句相类似的程序段,如其中之一：

if(a>b)

{temp=a;a=b;b=temp;}

如果 a、b 的大小与要求的从小到大的顺序不一样,就要把它们交换一下,这时需要一个临时变量(暂时存放某个变量的值,再由临时变量赋给另一个变量),否则无法进行正确交换。使用三条语句完成互换,而 if 语句的范围只限一条语句,这时必须用大括号将三条语句括起来,构成复合语句。

复合语句,就是用一对花括号括起来的一条或多条语句,形式如下：

```
{
    语句 1；
    语句 2；
    ……
```

```
        语句 n；
    }
```

从逻辑上讲,无论包括多少条语句或复合语句,都会被看成是一条语句。复合语句在分支结构、循环结构中使用十分广泛。

2. 双分支选择语句的形式

if(表达式) 语句 1；

else   语句 2；

功能:计算表达式的值,若表达式的值为真,执行语句 1,并跳过语句 2,继续执行 if-else 语句的下一条语句;若表达式的值为假,跳过语句 1,执行语句 2,然后继续执行 if-else 语句的下一条语句。如图 5-8 所示。

说明:单分支选择 if 语句只指出条件为真时做什么,而未指出条件为假时做什么。

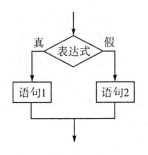

图 5-8 双分支选择语句

双分支选择 if-else 语句明确指出作为控制条件的表达式为真时做什么,为假时做什么。

上面的例 5.1 可以写成如下:

```
    main ( )
    {
        float x , y；
        scanf("%f", &x)；
        if ( x<0 )   y=3−x；
        else   y=4 * x；
        printf("y=%6.2f", y)；
    }
```

【例5.3】 判定输入的整数是否是 13 的倍数。

```
/ * Whether a number is multiple of 13 or not * /
#include <stdio. h>
main ( )
{
    int   number,rm；
    printf("input your number. \ n")；
    scanf("%d",&number )；
    rm=number%13；
    if ( rm==0 )
        printf("It's true. \ n")；
    else
        printf("It's false. \n")；
}
```

运行结果为:

input your number.

39 ✓

It's true.

28 ✓

It's false.

在 C 语言中,if 语句的条件表达式可以是一个简单的条件,也可以是由逻辑运算符和关系运算符组合起来的复杂条件,甚至可以是赋值表达式、算术表达式以及作为表达式特例的常量或变量。总之,只要是合法的 C 语言表达式,当它的值为"非零"时,即代表真,否则为假。

【例5.4】　条件表达式为赋值表达式的程序示例。

```
#include<stdio.h>
main( )
{
    int a=-1,b=0,c;
    scanf("%d",&c);
    if(c=a+b)
       printf("OK");
    else
       printf("NO");
}
```

此程序在执行时,输入的 C 无论为何值,均输出 OK。因为这里的条件表达式是一个赋值表达式 c=a+b,并不是判断 c 是否等于 a+b。由于 c 的值为 a+b 的值,即-1(非 0),代表逻辑真,所以语句"printf("NO")";是不可能被执行到的。

3.多分支选择语句的形式

if-else 结构可对只有两种可能的条件作判断,而实际中有些问题可能需要在多种情况中作判断,在这种情况下用前面介绍的 if-else 结构就显得有些力不从心,此时多分支选择语句结构可以很方便地解决这类问题。

一般形式:

```
if(表达式 1)
    语句 1;
else if(表达式 2)
    语句 2;
    ……
else if(表达式 n)
    语句 n;
    else
    语句 n+1;
```

功能:如果表达式 1 为真,则执行语句 1,否则表达式 1 为假而表达式 2 为真,则执行语句 2……以此类推,如果表达式 n 为真,则执行语句 n,如果各表达式都不为真,则执行语句

n+1,其逻辑结构如图 5-9 所示。

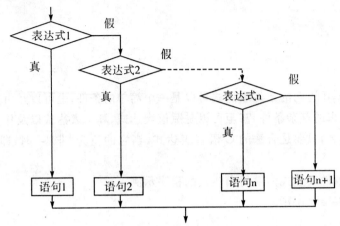

图 5-9　多分支选择语句

【例5.5】　写一个程序完成下列功能：

1. 输入一个分数 score
2. score<60　　　　　　输出　E
3. 60<=score <70　　　输出　D
4. 70<=score <80　　　输出　C
5. 80<=score <90　　　输出　B
6. 90<=score　　　　　输出　A

```c
#include<stdio.h>
main( )
{
    int  score;
    scanf("%d", &score);
    if ( score<60)  printf("E");
      else if (score<70) printf("D");
        else if (score <80)  printf("C");
          else if (score <90)  printf("B");
            else  printf("A");
}
```

【例5.6】　判断键盘输入字符的类别。

分析：可以根据输入字符的 ASCII 码来判断类型。由 ASCII 码表可知 ASCII 值小于 32 的为控制字符。在"0"和"9"之间的为数字,在"A"和"Z"之间为大写字母,在"a"和"z"之间为小写字母,其余则为其他字符。这是一个多分支选择的问题,用 if-else-if 语句编程,判断输入字符 ASCII 码所在的范围,分别给出不同的输出。

```c
#include"stdio.h"
void main()
```

```
    {
        char c;
        printf("input a character: ");
        c=getchar();
        if(c<32)
           printf("This is a control character\n");
        else if(c>='0'&&c<='9')
           printf("This is a digit\n");
        else if(c>='A'&&c<='Z')
           printf("This is a capital letter\n");
        else if(c>='a'&&c<='z')
           printf("This is a small letter\n");
        else
           printf("This is an other character\n");
    }
```

运行结果为：

input a character:

g

This is a small letter

5.2.2 if 语句的嵌套

在 if 语句中又包含一个或多个 if 语句称为 if 语句的嵌套。一般形式如下：

```
            if(表达式)
                if( 表达式 1)    语句1；
                else            语句2；
            else  if（表达式2）  语句3；
                else            语句4；
```

功能：先判断表达式的值,若为非 0(为真),再判断表达式 1 的值,非 0 执行语句 1,否则执行语句 2。若表达式的值为 0(为假),再判断表达式 2 的值,非 0 执行语句 3,否则执行语句 4。

应当注意 if 与 else 的配对关系:从最内层开始,else 总是与它上面最近的(未曾配对的) if 配对,并且 else 与 if 必须同在一复合语句内。

假如写成：

```
            if(表达式)
                if(表达式 1) 语句1；
            else
                if(表达式 2) 语句2；
                else        语句3；
```

此时,第一个 else 应与 if(表达式 1) 语句 1;配对。

如果 if 与 else 的数目不一样,为实现程序设计者的企图,可以加花括弧来确定配对关系。例如:

```
          if(表达式)
              {if(表达式 1)语句 1;}
          else
              语句 2;
```

这时 if 限定了内嵌 if 语句的范围,因此 else 与第一个 if(表达式)配对。

【例5.7】 用 if 语句的嵌套比较两个数的大小关系。

```c
void main( )
{
    int a,b;
    printf("please input A,B: ");
    scanf("%d%d",&a,&b);
    if(a! =b)
    if(a>b) printf("A>B\n");
    else printf("A<B\n");
    else printf("A=B\n");
}
```

这个例子中采用了 if 语句的嵌套结构。采用嵌套结构实质上是为了进行多分支选择,例 5.7 实际上有三种选择,即 A>B、A<B 或 A=B。这种问题用 if-else-if 语句也可以完成,而且程序更加清晰。因此,在一般情况下较少使用 if 语句的嵌套结构,以使程序更便于阅读理解。

所以上面例 5.7 的程序我们可以改写为:

```c
void main( )
{
    int a,b;
    printf("please input A,B: ");
    scanf("%d%d",&a,&b);
    if(a==b) printf("A=B\n");
    else if(a>b) printf("A>B\n");
    else printf("A<B\n");
}
```

5.3　switch 多分支选择语句

switch 语句是多分支选择语句。if 语句只有两个分支可供选择,而实际问题中常常需要用到多分支的选择。例如,学生成绩分类(90 分以上为'A',80~89 分为'B',70~79 分为'C' ……)、人口统计分类(按年龄分为老、中、青、少、儿童)、工资统计分类、银行存款分类……当然这些都可以用嵌套的 if 语句来处理,但如果分支较多,则嵌套的 if 语句层数多,程序冗长而且可读性降低。为此 C 语言提供了直接实现多路选择的 switch 语句。switch 语句根据一个表达式的值从多分支中选择一个分支执行,其一般形式如下:

```
switch(表达式)
    { case 常量表达式 1:语句 1;
    case 常量表达式 2:语句 2;
    ……
    case 常量表达式 n:语句 n;
    default :语句 n+1;
    }
```

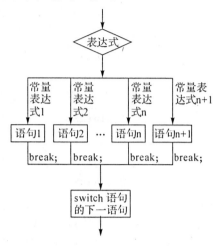

功能:首先计算表达式的值,然后依次与常量表达式 i(i=1,2,…,n)比较,若表达式的值与常量表达式 j(1≤j≤n)相等,则执行语句 j。若所有的常量表达式 i(i=1,2,…,n)均不等于表达式,则执行语句 n+1。如图 5-10 所示。

图 5-10　switch 语句流程图

说明:

(1) switch 后面括号中可以是任何表达式,取其整数部分与各常量表达式进行比较。类型可以是整型、字符型或枚举型。

(2)常量表达式 i 中不能出现变量,且类型必须与表达式类型一致(整型与字符型通用)。i 仅起语句标号作用,不作求值判断,各常量表达式必须互不相同,否则执行时将出现矛盾。

(3)case 后面的语句可以是一条语句,也可以是复合语句,还可以是花括弧括起来的几条语句,也可以是空语句。有多条语句时会顺序执行完所有语句。

(4)多个 case 可以共用一组语句。

(5) 各个 case 的出现次序不影响执行结果。例如,可以先出现 case'D',然后出现 case 'A'。

(6)default 一般出现在所有 case 之后,也可以出现在 case 之前或两个 case 之间,default 可以缺省。

(7)为了在执行完一个 case 分支后能跳出 switch 多分支选择语句,可在 case 分支结束后,插入一个 break 语句。若有 break 语句,就从 break 语句跳出 break 所在的当前结构;若无 break 语句,执行该语句后,流程控制转移到下一个分支,继续执行这一个分支的语句,直到最后一个语句执行完。

【例5.8】　输入形如 3+5,9/3 的四则运算表达式,求其计算的结果。

```
void main( )
{
        float a,b;
        char op;
        printf("Enter your expression: \n");
        scanf("%f%c%f",&a,&op,&b);
        switch(op)
```

```
        {
            case '+':
            printf("result is %0.2f\n",a+b);
                                /* %0.2f 表示输出的实数保留两位小数 */
            break;
            case '-':
            printf("result is %0.2f\n",a-b);
            break;
            case '*':
            printf("result is %0.2f\n",a*b);
            break;
            case '/':
              if (b==0)
                printf("Division by zero\n");
              else
                printf("result is %0.2f\n",a/b);
              break;
            default:
                printf("Unknown operator\n");
        }
    }
```

运行结果为：

    Enter your expression：

    56.5+18.7

    result is 75.20

再次运行

    Enter your expression：

    5/0

    Division by zero

再次运行

    Enter your expression：

    3.5♯4.2

    Unknown operator

你可能已经注意到了，在每个 case 后的语句序列中，最后一个语句都是 break，设置它就是为了马上结束 switch，如果不写 break 语句，则还要继续执行下面所有 case 与 default 内的语句，例如，去掉例 5.8 中的所有 break，并输入：

    4+2

则输出为：

    result is 6.00

result is 2.00

result is 2.00

result is 8.00

Unknown operator

显然与我们的实际要求不相符。

【例5.9】 输入某学生的成绩,输出该学生的成绩和等级。(A 级:90~100,B 级:80~89,C 级:60~79,D 级:0~59。)

为了区分各分数段,将[0,100]每 10 分划为一段,则 x/10 的值为 10,9,…,1,0,它们表示 11 段:0~9 为 0 段,10~19 为 1 段,…,90~99 为 9 段,100 为 10 段。用 case 后的常量表示段号。例如,x=76,则 x/10 的值为 7,所以 x 在 7 段,即 70≤x<79,属于 C 级。若x/10 不在[0,10],则表明 x 是非法成绩,在 default 分支处理。

```c
#include "stdio.h"
main( )
{
    int x;
    printf ("Please input x:\n");
    scanf ("%d ", &x);
    switch ( x/10 )
    {case 10:
     case 9: printf ("x=%d→A\n", x);break;
     case 8: printf ("x=%d →B\n", x);break;
     case 7:
     case 6: printf ("x=%d→C\n", x);break;
     case 5:
     case 4:
     case 3:
     case 2:
     case 1:
     case 0:printf ("x=%d →D\n", x);break;
     default : printf ("x=%d data error! \n", x);
    }
}
```

运行结果为:

Please input x:

65 ↙

x=65 →C

x/10 的值为 6,所以执行 case 6 分支,输出 x=65 →C,执行到该分支的 break 语句时,控制将跳出 switch 多分支选择语句。

5.4　应用程序举例

【例5.10】　输入一个字符，判断它是否为小写字母，若是，则将其转换成大写字母，若不是，不进行转换，显示最后得到的字符。

分析：任何一个小写字母和相对应的大写字母之间的差值都是相同的。因此大小写字母的转换可以用任何一对大小写字母的差值（如'A'－'a'）来表示。如果输入的字符符合小写字母的条件 ch>='a'&&ch<='z'，则进行大写的转换，否则不做转换。

```
#include<stdio.h>
main( )
{
    char ch;
    ch=getchar( );
    if (ch>='a'&&ch<='z')
      ch=ch+'A'-'a';
    putchar(ch);
}
```

【例5.11】　解方程 ax+b=0，a 和 b 从终端输入。

分析：根据数学知识，在实数范围内一元一次方程的求根公式为 x=-b/a，条件是 a≠0；否则方程无解。这是一个选择结构的程序设计问题，当 a≠0 为真时，计算 x=-b/a，并输出 x；否则不执行求根计算，也不应输出 x。

```
#include<stdio.h>
main( )
{    float a,b,x;
    printf("input a,b:\n");
    scanf("%f%f",&a,&b);
  if(!a)
    printf("error in input data\n");
  else
    {   x=-b/a;
        printf("x=%.4f\n",x);
    }
}
```

运行结果为：input a,b:
99　185↙
x=-1.8687

【例5.12】　输入某年某月某日，判断这一天是这一年的第几天？

分析：以 3 月 5 日为例，应该先把前两个月的天数加起来，然后再加上 5 天即本年的第几天,特殊情况,闰年且输入月份大于 3 时需考虑多加一天。

```
main ( )
{
    int day,month,year,sum,leap;
    printf("\nplease input year,month,day\n");
    scanf("%d,%d,%d",&year,&month,&day);
    switch(month)   /*先计算某月以前月份的总天数*/
    {
        case 1:sum=0;break;
        case 2:sum=31;break;
        case 3:sum=59;break;
        case 4:sum=90;break;
        case 5:sum=120;break;
        case 6:sum=151;break;
        case 7:sum=181;break;
        case 8:sum=212;break;
        case 9:sum=243;break;
        case 10:sum=273;break;
        case 11:sum=304;break;
        case 12:sum=334;break;
        default:printf("data error");break;
    }
    sum=sum+day;   /*再加上某天的天数*/
    if(year%400==0||(year%4==0&&year%100!=0))
                                    /*判断是不是闰年*/
        leap=1;
    else
        leap=0;
    if(leap==1&&month>2)
                /*如果是闰年且月份大于2,总天数应该加一天*/
        sum++;
    printf("It is the %dth day.",sum);
}
```

输入年月,打印出该年份该月的天数。

```
main ( )
{
    int days,month,year;
    scanf("%d,%d, ",&year,&month,);
    switch(month)
```

```
    {
        case 1:
        case 3:
        case 5:
        case 7:
        case 8:
        case 10:
        case 12:days =31;break;
        case4:
        case6:
        case9:
        case 11:days =30;break;
        case2:if(year%400==0||(year%4==0&&year%100! =0))
                days =29;
            else
                days =28;
    }
    printf("%d 年%d 月的天数为%d. \n",year,month,days);
}
```

第6章 循 环

和顺序结构、选择结构一样,循环结构是结构化程序设计的三种基本类型之一。

生活中,一些周而复始的、重复并有变化趋势的动作,都可以用循环来实现。C 语言提供了多种循环结构,这里主要介绍:while 语句、do-while 语句和 for 语句。

6.1 while 语句

while 语句的一般形式如下:

while (表达式)

循环体语句;

while 语句的执行流程是:首先判断表达式值的真假,若为真(非 0)则执行循环体语句,再判断表达式的值,直到值为假(0)则退出循环。while 语句的流程图如图 6-1 所示。

可见 while 语句的特点是:先判断表达式,后执行循环体语句。

说明:

1. 循环体可能一次都不执行;

2. 循环体可以为任意类型语句;

3. 遇到表达式不成立、循环体内出现 break、return 和 goto 时退出循环;

4. 永真循环:while(1)

循环体;

下面来看几个例子。

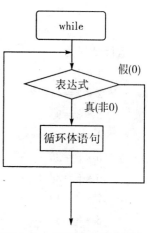

图 6-1 while 语句的流程图

【例6.1】 用 while 语句求 $\sum_{i=1}^{100} i$,程序代码如下:

```c
#include <stdio.h>
void main( )
{
    int i=1, sum=0;
    while(i<=100)
    {
        sum=sum+i;
        i++;
    }
    printf("sum=%d\n",sum);
```

```
}
```

其中,"i=1"为循环初值,"i≤100"为循环条件,"100"为循环终止值,"sum=sum+i; i++;"为循环体语句,"i++"为循环变量增值,即变化趋势。

运行结果为:

sum=5050

【例6.2】 显示 1~10 的平方,程序代码如下:

```
#include〈stdio. h〉
void main()
{
    int i=1;
    while(i<=10)
    {
        printf("%d * %d=%d\n",i,i,i * i);
        i++;
    }
}
```

运行结果为:

```
1 * 1=1
2 * 2=4
3 * 3=9
4 * 4=16
5 * 5=25
6 * 6=36
7 * 7=49
8 * 8=64
9 * 9=81
10 * 10=100
```

通过上面两个例子可知,while 语句需要注意以下几点:

1.循环次数的控制要正确;

2.循环体包含一个以上的语句时,一定要用花括号括起来,否则可能与程序要求不符;

3.在循环体内要有使循环趋向于结束的语句,否则可能引起无限循环;

4.循环表达式可以是真(永真循环),通过在循环体中加 if 语句对循环进行控制。

判断下面三段程序的运行结果,并说明理由。

程序段一:

```
#include〈stdio. h〉
void main()
{
    int i=0;
    while (i<20)
```

```
            i++;
        printf("%d ",i);
        printf("\n");
}
```

程序段二：

```
#include〈stdio. h〉
void main()
{
    int i =1;
    while (i<=20)
        printf("%d ",i);
        i++;
    printf("\n ");
}
```

程序段三：

```
#include〈stdio. h〉
void main()
{
    int i =1;
    while (10)    /*循环表达式为真*/
    {
        printf("%d ",i);
        if (i<20)
          i++;
        else
          break;
    }
    printf("\n ");
}
```

6.2　do-while 语句

do-while 语句的一般形式如下：

do

循环体语句；

while(表达式)；

do-while 语句的执行流程是：首先执行循环语句，再判断表达式，值为真（非 0）则继续执行循环体，直到表达式值为假（0）则退出循环。do-while 语句的流程图如图 6-2 所示。

可见 do-while 语句的特点是：先执行循环体语句，后判断表达式。

说明:

1. 至少执行一次循环体;

2. do-while 和 while 可以相互转换。

下面来看几个例子。

【例6.3】 用 do-while 语句求 $\sum\limits_{i=1}^{100} i$ ，程序代码如下:

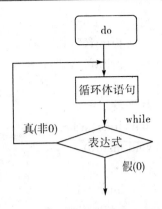

图 6-2　do-while 语句的流程图

```c
#include <stdio.h>
void main()
{
    int i=1,sum=0;
    do
    {
        sum+=i;
        i++;
    }while(i<=100);
    printf("sum=%d\n",sum);
}
```

运行结果为:sum=5050

使用 do-while 语句需要注意以下几点:

1. do-while 循环中,while (表达式)后面的分号";"不可缺少。

2. 为了避免编译器系统把 do-while 的 while 当做 while 语句的开始,do-while 的循环体即使只有一句,也要用括号括起来。

3. 由于 do-while 语句是先执行循环体,再判断表达式,所以有些程序不适合用do-while 语句编写。例如:输入某地区若干年份的年降雨量(假设均以正整数计算),以一1 作为终止的特殊值,计算该地区的平均年降雨量,也就是说不能将一1 计算在内。下面就是一个错误的求平均降雨量的程序,请读者思考后改正。

```c
#include<stdio.h>
void main()
{
    int sum,i,a;
    sum=0;
    i=0;
    do
    {
        scanf("%d",&a);
        sum=sum+a;
        i++;
    }
    while (a!=-1);
```

```
        printf("aver=%f\n",1.0 * sum/i);
}
```

【例6.4】 用 do-while 语句来实现求 n!,n 的值由键盘输入,程序代码如下:

```
    #include<stdio. h>
    void main()
    {
        int i,n;
        long s;
        s=1;
        i=1;
        printf("please input n:\n");
        scanf("%d",&n);
        do{
            s * =i;
            i++;
        }
        while(i<=n);
        printf("%d! =%ld\n",n,s);
    }
```

运行结果为:

```
please input n:
4 ↙
4! =24
```

6.3　for 语句

for 语句的一般形式如下:

```
for(表达式 1;表达式 2;表达式 3)
{
循环体语句;
}
```

for 语句的执行流程是:

1.计算表达式 1;

2.计算表达式 2,判断表达式 2 是否为真(非 0),若为真则执行循环体语句,若为假(0)循环结束,跳转到 for 语句下面的一个语句执行;

3.计算表达式 3;

4.跳转到第 2 步执行。for 语句的流程图如图 6-3 所示。

for 语句实际等价于下面的 while 语句:

```
    表达式 1;
```

```
while（表达式 2）
{
    循环体语句；
    表达式 3；
}
```

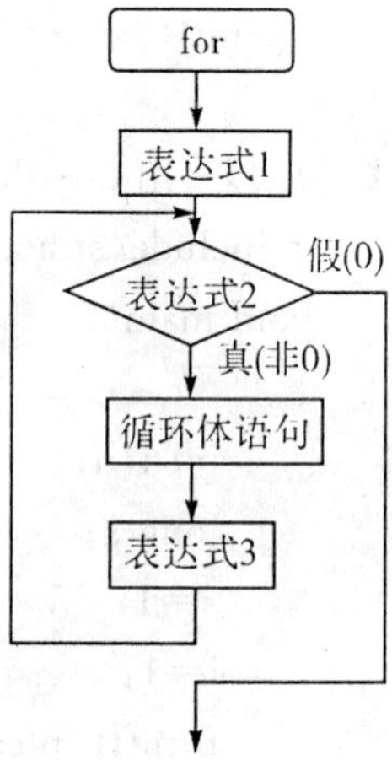

图 6-3　for 语句的流程图

【例6.5】 用 for 语句求 $\sum\limits_{i=1}^{100} i$,程序代码如下：

```
#include〈stdio.h〉
void main()
{
    int i,sum=0;
    for(i=1;i<=100;i++)
            sum+=i;
    printf("sum=%d\n",sum);
}
```

运行结果为：

sum=5050

使用 for 语句需要注意以下几点：

1. for 语句形式灵活,表达式 1,表达式 2,表达式 3 都可以省略,但“;”不可省；

2. 表达式 1 和表达式 3 中可以使用逗号运算符将执行语句并列在一起,并且循环体可以为空。

【例6.6】 求十个整数中的最大值,程序代码如下：

```
#include〈stdio.h〉
void main（ ）
{
    int i, k, max;
    scanf（ "%d", &max ）;
    for（ i=2;i<=10;i++）
    {
        scanf（"%d",&k）;
        if（max<k ）
            max=k;
    }
    printf（"max=%d\n", max ）;
}
```

读者自行输入十个整数测试程序,并思考如何求最小值。

6.4　循环的嵌套

　　while、do-while、for 三种循环都可以互相嵌套,层数不限。外层循环可包含两个以上内循环,但不能相互交叉。嵌套循环的执行流程如下:

　　1. while()
　　　{……
　　　　while()
　　　　　{……
　　　　　}
　　　　……
　　　}
　　2. do
　　　{……
　　　　do
　　　　　{……
　　　　　}while( );
　　　　……
　　　}while( );
　　3. while()
　　　{……
　　　　do
　　　　　{ ……
　　　　　}while( );
　　　　……
　　　}
　　4. for(;;)
　　　{……
　　　　do
　　　　　{……
　　　　　}while();
　　　　……
　　　　while()
　　　　　{……
　　　　　}
　　　　……
　　　}

　　循环嵌套形式多样,合法即可,最常用的是 for 循环嵌套。下面来看几个循环嵌套的例子。

【例6.7】 编写程序在一行内输出整数 1 到 20,并连续输出 5 行。

```
#include<stdio. h>
void main()
{
    int i,j;
    for (i=1;i<=5;i++)
    {   for (j=1;j<=20;j++)
        printf("%d ",j);
        printf("\n");
    }
}
```

【例6.8】 编写程序输出下列图形:

```
            1
            22
            333
            4444
            55555
            666666
            7777777
            88888888
            999999999
```

程序代码如下:

```
#include<stdio. h>
void main()
{
    int i,j;
    for (i=1;i<=9;i++)
    {
        for (j=1;j<=i;j++)
        printf("%d",i);
        printf("\n");
    }
}
```

注意:嵌套循环的跳转禁止从外层跳入内层;跳入同层的另一循环;向上跳转。

6.5 辅助控制语句

6.5.1 break 语句

功能:在循环语句和 switch 语句中,终止并跳出循环体或开关体。break 语句的功能如图 6-4 所示。

对 break 语句有以下说明:

1. break 只能终止并跳出最近一层的结构;

2. break 不能用于循环语句和 switch 语句之外的任何其他语句之中。

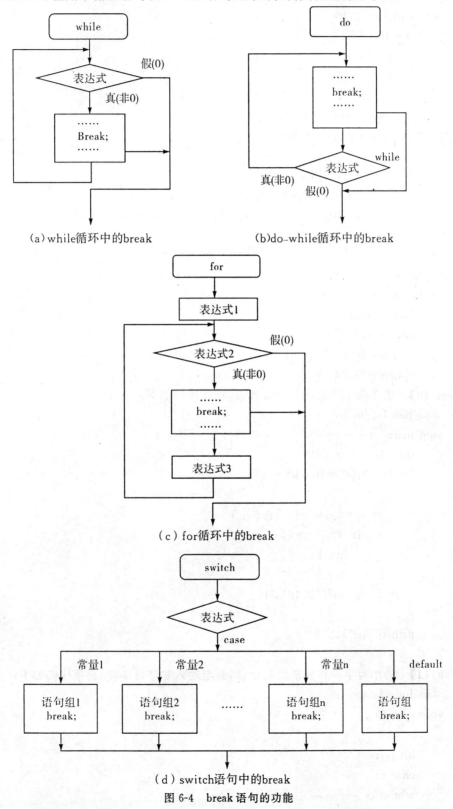

（a）while循环中的break　　　　（b)do-while循环中的break

（c）for循环中的break

（d）switch语句中的break

图 6-4　break 语句的功能

【例6.9】 输出半径从 1 到 10 的圆面积,面积大于 100 时停止。

```c
#include<stdio.h>
    #define  PI  3.14159
    void main()
{
        int r;
        float area;
        for(r=1;r<=10;r++)
        {
            area=PI*r*r;
            if(area>100)   break;
            printf("r=%d,area=%.2f\n",r,area);
        }
}
```

运行结果为:

```
r=1,area=3.14
r=2,area=12.57
r=3,area=28.27
r=4,area=50.27
r=5,area=78.54
```

【例6.10】 求 3 到 100 之间的所有素数,程序代码如下:

```c
#include<stdio.h>
void main( )
{    int i,j;
    for (i=3;i<=100;i++)
    {
        for (j=2;j<=i-1;j++)
            if (i%j==0)
                break;
        if (i==j)
            printf("%4d",i);
    }
    printf("\n");
}
```

【例6.11】 将小写字母转换成大写字母,直至输入非字母字符,程序代码如下:

```c
#include <stdio.h>
void main()
{
    int i,j;
    char c;
    while(1)
```

```
    {   c=getchar();
        if(c>='a' && c<='z')
        putchar(c-'a'+'A');
        else
        break;
    }
}
```

6.5.2 continue 语句

功能:结束本次循环,跳过循环体中尚未执行的语句,进行下一次是否执行循环体的判断,continue 语句仅用于循环语句中。continue 语句的功能如图 6-5 所示。

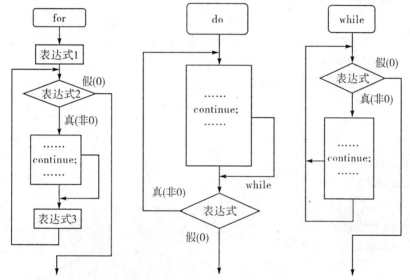

(a)for循环中的continue语句 (b)do-while循环中的continue语句 (c)for循环中的continue语句

图 6-5　continue 语句的功能

下面来看几个 continue 语句的例子。

【例6.12】 从键盘输入 10 个整数,将正数累加。

```
#include "stdio. h"
void main()
{
    int i,j,s=0;
    printf("Please enter 10 integer:");
    for (i=0;i<10;i++)
    {   scanf("%d",&j);
        if (j<0)
          continue;
        s=s+j;
    }
    printf("sum is %d",s);
}
```

break 语句与 continue 语句都可以用在循环体中,使用时要注意它们的区别:

1.在循环语句中使用 break 语句是使内层循环立即停止循环,执行循环体外的第一条语句,而 continue 语句是使本次循环停止执行,执行下一次循环。

2. break 语句可用在 switch 语句中, continue 语句则不行。

观察下列两段程序的运行结果:

程序段一:

```c
#include<stdio.h>
void main()
{
    int i=0;
    while (i++<=9)
    {
        if (i==5)
            break;
        printf("%d\n",i);
    }
}
```

程序段二:

```c
#include<stdio.h>
void main()
{
    int i=0;
    while (i++<=9)
    {   if (i==5)
            continue;
        printf("%d\n",i);
    }
}
```

通过上面两段程序代码体会 break 语句和 continue 语句的区别。

6.6　程序举例

【例6.13】　用公式求 π 的近似值,直到最后一项的绝对值小于 1e−6 为止。

$\pi/4=1-1/3+1/5-1/7+\cdots$。程序代码如下:

```c
#include<stdio.h>
#include<math.h>
void main()
{
int s;
float n,t,pi;
```

```
t=1.0;
pi=0;
n=1.0;
s=1;
    while(fabs(t)>=1e-6)
    {
      pi=pi+t;
      n=n+2.0;
      s=-s;
      t=s/n;
    }
    pi=pi*4;
    printf("pi=%f",pi);
}
```

【例6.14】 公元 5 世纪,我国古代数学家张丘建在《算经》中提出以下问题:鸡翁一值钱五,鸡母一值钱三,鸡雏三值钱一。凡百钱买百鸡,问鸡翁、鸡母、鸡雏各几何? 编程求解。程序代码如下:

```
#include"stdio.h"
void main()
{
    int x,y,z;
    for (x=1;x<=100;x++)
      for (y=1;y<=100;y++)
        for (z=1;z<=100;z++)
          if(x+y+z==100&&5*x+3*y+z/3==100)
            printf("cocks:%d,hens:%d,chikens:%d\n",x,y,z);
}
```

【例6.15】 有一对兔子,从出生后第三个月起每个月都生一对兔子。小兔子长到第三个月后又生一对兔子。假设所有的兔子都不死,问前 24 个月在每个月的兔子总数是多少? 编写程序求解。程序代码如下:

```
#include<stdio.h>
void main()
{
    long int f1=1,f2=1;
    int i;
    for(i=1;i<=12;i++)
    {   printf("%12ld%12ld",f1,f2);
        if(i%3==0)   printf("\n");
        f1=f1+f2;
        f2=f2+f1;
    }
}
```

第7章 数 组

遇到许多实际问题时,经常需要处理、存储大量相同类型的相关数据,例如计算某班级同学的C语言课程考试成绩、排序、比较某月的空气污染指数等,借用数组进行处理,十分方便。

数组是一个由相同数据类型数据组成的有序的集合,集合中的数据占据存储区中一块连续的地址。数组可以分为一维数组、二维数组以及多维数组。

7.1 一维数组

7.1.1 一维数组的定义

1.一维数组的定义格式如下:

　　数据类型　数组名[常量表达式];

构成数组的变量称为数组的元素,定义格式中数据类型表示数组元素的数据类型,可以是int、char、float等;数组名的命名规则和变量完全相同;常量表达式的值指明数组的长度,即数组中所包含的元素个数。数组同变量一样,必须先定义,然后才能使用。

以下为合法的一维数组定义:

　　int　age[20];　　　　　　/ * 声明一个整型的数组age,元素个数为10 * /
　　char　name[8];　　　　　/ * 声明一个字符数组name,元素个数为8 * /

定义数组时要注意几个问题:数组的长度是固定的,即定义以后长度不能改变;定义格式中的常量表达式一定为正整数;相同数据类型的变量和数组可以在同一个类型说明符下声明,例如:

　　char　name[8],a,b;

定义了字符型数组name,长度为8,字符型变量为a、b。

2.一维数组元素的引用

一维数组元素的引用形式:

　　数组名 [下标表达式]

使用前面定义的字符数组name[8]为例,数组中各个元素分别表示为name[0]、name[1]、name[2]、name[3]、name[4]、name[5]、name[6]、name[7],其中name[0]表示第一个元素,name[7]表示最后一个元素,字符数组name的存储情况如图7-1所示。

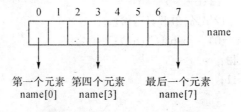

图7-1 数组name的存储情况

【例7.1】 输入 10 位同学的 C 语言成绩,计算平均分。

```
# include <stdio.h>
main ( )
{int score[10], sum=0 , i;              /* 定义数组 score,长度为 10 */
    printf("Input the score please:\n:");
 for (i=0;i<10;i++)
    scanf ("%d",&score[i]);             /* 从键盘接收 10 个数据 */
 for (i=0;i<10;i++)
    sum+=score[i];                      /* 将数组中的 10 个数据累加 */
 printf("\n the average of the C program is:%.1f",sum/10.0);
                                        /* 输出计算出的平均分 */
 }
```

程序运行时,输入成绩和输出结果如下:

Input the score please:

52,60,70,80,90,70,75,85,85,75

the average of the C program is:74.2

此例是使用数组的常规方法:score[i]表示第 i 个同学的成绩,i 的变化范围从 0 到 9。通过此例,一维数组定义和使用方式比较典型,数组元素的引用通常与循环语句结合起来,实现对数组的处理。

7.1.2 数组初始化

数组初始化格式:

类型 数组名[n]={初值 0,初值 1,…,初值 n-1};

在括号内的初值会按照顺序逐个赋给数组的第 0,1,…,n-1 个元素。例如:

int week[7]={1,2,3,4,5,6,7};

week 数组经过初始化后,其中的每个元素已被赋以如下的初值:

week[0]=1,week[1]=2,week[2]=3,week[3]=4,week[4]=5,week[5]=6, week[6]=7

给数组元素赋初值时还有几种特殊的情况需要注意:

1.如果希望将数组中所有的元素都赋同一个数值,在括号内只需要填一个数,例如:

int data[4]={1};

表示数组 data 的所有元素都赋同一个数值 1。

2.初始化时也可只对部分元素赋值,例如:

int a[10]={9,8,7,6,5};

表示把值 9、8、7、6、5 赋给数组 a 的前 5 个元素,后 5 个元素系统自动赋值为 0。

3.如果对数组的全部元素初始化,则可以不指定数组长度,例如:

int a[]={9,8,7,6,5,4,3,2,1,0};

表示此时由初值的个数决定数组的长度。

7.1.3　一维数组举例

【例7.2】　从键盘输入数据并输出数组中的各个元素。

```c
# include <stdio. h>
main ( )
{int myarray[5] , i;                           /* 定义数组 myarray,长度为 5 */
 for (i=0;i<=4;i++)
   {printf("\n input the integer please :");
    scanf ("%d",&myarray[i]);                   /* 从键盘输入数据 */
   }
 printf(" * * * output * * * \n");
 for (i=0;i<=4;i++)
   printf("myarray[%d]=%d\n", i ,myarray[i]);   /* 逐个输出数组元素 */
}
```

运行结果为:

input the integer please :10

input the integer please :20

input the integer please :50

input the integer please :60

input the integer please :100

　* * * output * * *

myarray[0]=10

myarray[1]=20

myarray[2]=50

myarray[3]=60

myarray[4]=100

【例7.3】　输入 10 位同学 C 语言成绩,显示最高分,最低分。

```c
# include <stdio. h>
main ( )
{int score[10], sum , i ,max ,min;          /* 定义数组 score,长度为 10 */
 printf("input the score please :");
 for (i=0;i<10;i++)
     scanf ("%d",&score[i]);                  /* 从键盘输入 10 个数据 */
 max=score[0];
 min=score[0];                                /* 将最高分和最低分均设为第一个元素 */
 for (i=1;i<10;i++)
    { if (max<score[i])
```

```
            max＝score[i];              /＊比较,若比 max 大则将大的数存入 max＊/
        if (min＞score[i])
            min＝score[i];              /＊比较,若比 min 小则将小的数存入 min＊/
    }
    printf("C 语言最高分和最低分分别是:%d,%d ", max,min);
}
```

运行结果为:

input the score please :

52,60,70,80,90,70,75,85,85,75

C 语言最高分和最低分分别是:90,52

说明:通过以上两个一维数组的实例不难发现数组元素的赋值方式和一般变量十分类似,只不过是把值赋给某个元素或者引用某个元素时是通过元素的下标实现的。

【例7.4】 将一个数组按逆序输出。

实现此例功能可以使用两种方法:一是将数组元素调整为原数组元素的逆序;第二种方法是数组元素不变,只在输出时调整成逆序。

方法一:先将第一个与最后一个交换,然后第 2 个与 N-1 个交换,一直进行到 n/2 和 n/2+1 交换。具体程序如下:

```
#define N 5
main()
{int a[N]＝{9,6,5,4,1},i,temp;
 printf("\n original array:\n");
 for(i=0;i<N;i++)                        /＊输入数组元素＊/
 printf("%4d",a[i]);
 for(i=0;i<N/2;i++)
 {   temp＝a[i];
     a[i]＝a[N-i-1];
     a[N-i-1]＝temp;
 }                                       /＊颠倒数组元素顺序＊/
 printf("\n sorted array:\n");
 for(i=0;i<N;i++)
 printf("%4d",a[i]);
}
```

运行结果为:

    original array:

    9 6 5 4 1

    sorted array:

    1 4 5 6 9

方法二:在输出数组的所有元素时从最后一个元素开始,最后输出第一个元素。这种方法相对更简洁。具体程序如下：

```
#define N 5
main()
{   int a[N]={9,6,5,4,1},i;
    printf("\n original array:\n");
    for(i=0;i<N;i++)                          /*输入数组数据*/
      printf("%4d",a[i]);
    printf("\n sorted array:\n");
    for(i=N-1;i>=0;i--)                       /*直接逆序输出数组数据*/
      printf("%4d",a[i]);
}
```

运行结果为：

original array:

9 6 5 4 1

sorted array:

1 4 5 6 9

7.2　二维数组

7.2.1　定义与初始化

1.定义与存储

定义二维数组的一般形式为：

数据类型 数组名[常量表达式 1][常量表达式 2];

数据类型用于指定数组元素的类型,常量表达式 1 用于指定数组的行数,常量表达式 2 用于指定数组的列数。例如：

　　int　A[3][4],B[4][8];

表示数组 A 是一个 3×4 的二维数组,共有 3 行 4 列,12 个元素,每个元素都是 int 型; 数组 B 是 4×8 的二维数组,4 行 8 列共 32 个元素,每个元素也都是 int 型。

再如,我们要表示北京、天津、上海三个城市一年四季的平均气温,参见表 7-1 所示。

表 7-1　北京、天津、上海年平均气温表(℃)

·	春	夏	秋	冬
北京	11.3	28.2	16.5	−7.1
天津	12.4	27.1	17.6	−5.7
上海	23.2	33.5	25.8	−1.3

可以定义一个二维数组来保存气温值：

　　float　Stemp[3][4];

在 C 语言中,二维数组与一维数组一样每个下标均从 0 开始,每个元素都具有相同的数据类型,并且占有连续的存储空间。二维数组在内存中的存放仍然是一维的,且各个元素按行顺序(或按列顺序)存放。上面的例子,数组 Stemp 在内存中占用 12 个连续的 float 元素的存储单元,如图 7-2 所示。

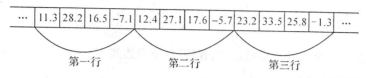

图 7-2 数组 Stemp 在内存中的存储

C 语言把二维数组看成是一个一维数组,该一维数组的各个元素又是一个一维数组。二维数组 m[5][5] 可看成是有 5 个元素的一维数组,而每一个元素又是有 5 个元素的一维数组。

$$
\begin{array}{l}
m(0)\text{——}m[0][0]\quad m[0][1]\quad m[0][2]\quad m[0][3]\quad m[0][4]\\
m[1]\text{——}m[1][0]\quad m[1][1]\quad m[1][2]\quad m[1][3]\quad m[1][4]\\
m[2]\text{——}m[2][0]\quad m[2][1]\quad m[2][2]\quad m[2][3]\quad m[2][4]\\
m[3]\text{——}m[3][0]\quad m[3][1]\quad m[3][2]\quad m[3][3]\quad m[3][4]\\
m[4]\text{——}m[4][0]\quad m[4][1]\quad m[4][2]\quad m[4][3]\quad m[4][4]
\end{array}
$$

m
(二维数组)

由这种形式我们可以了解更高维的数组。一个三维数组实际上可以看做是元素为二维数组的数组,依此类推。

在 C 语言中,二维数组在内存中的存放仍然是一维的,而且各个元素是按行顺序存放的,即在内存中是先放第一行的元素,再放第二行的元素……下图给出了二维数组 m 的排列顺序:

$$
\begin{array}{l}
m[0][0]\rightarrow m[0][1]\rightarrow m[0][2]\rightarrow m[0][3]\rightarrow m[0][4]\rightarrow\\
m[1][0]\rightarrow m[1][1]\rightarrow m[1][2]\rightarrow m[1][3]\rightarrow m[1][4]\rightarrow\\
m[2][0]\rightarrow m[2][1]\rightarrow m[2][2]\rightarrow m[2][3]\rightarrow m[2][4]\rightarrow\\
m[3][0]\rightarrow m[3][1]\rightarrow m[3][2]\rightarrow m[3][3]\rightarrow m[3][4]\rightarrow\\
m[4][0]\rightarrow m[4][1]\rightarrow m[4][2]\rightarrow m[4][3]\rightarrow m[4][4]
\end{array}
$$

2. 二维数组元素初始化

(1) 二维数组初始化与一维数组一样将所有元素的初值写在括号内,系统将按行的顺序依次给各元素赋初值。例如:

```
int   A[2][3]={1,2,3,4,5,6 };
```

数组 A 初始化后各元素分别被赋予如下初值:

A[0][0]=1, A[0][1]=2, A[0][2]=3, A[1][0]=4, A[1][1]=5, A[1][2]=6

这种方式也可以用于只对二维数组的部分元素进行赋值,例如:

```
int   A[2][3]={1,2,3,4};
```

数组 A 初始化后只为如下元素赋予初值:

A[0][0]=1, A[0][1]=2, A[0][2]=3, A[1][0]=4

其余元素的初值均自动设置为 0。

(2) 按行的顺序排列初值,每行用一对括号括起来,各行间用逗号隔开。

例如:上面定义的二维数组 Stemp 可用下面的语句初始化:

```
float Stemp[3][4]={
                    {11.3, 28.2, 16.5, −7.1},
                    {12.4, 27.1, 17.6, −5.7},
                    {23.2, 33.5, 25.8, −1.3}
                };
```

定义并初始化一个二维数组时,可以省略"常量表达式 1"。

例如:

```
int seasonTemp[][4]={
                    {26, 34, 22, 17},
                    {24, 32, 19, 13},
                    {28, 38, 25, 20}
                };
```

如果省略"常量表达式 1"最好采用按行初始化的方式,否则,容易出错。编译器根据初值的行数来确定数组的行数。

注意:"常量表达式 2"一定不能省略,否则程序编译时会出错。因为二维数组元素在存取时,需要在一维和二维之间转换,如果省略"常量表达式 2",则编译器无法计算出它们之间的对应关系。

(3)对部分元素的初始化

例如:int Stemp[3][4]={{26}, {24}, {28}};

上面的语句仅初始化数组每一行的第一个元素,而其他元素未给初值。初始化后数组元素如下:

$$\begin{bmatrix} 26 & 0 & 0 & 0 \\ 24 & 0 & 0 & 0 \\ 28 & 0 & 0 & 0 \end{bmatrix}$$

再例如:int St[3][4]={{2}, {0,5}, {1,0,6}}

初始化后数组元素如下:

$$\begin{bmatrix} 2 & 0 & 0 & 0 \\ 0 & 5 & 0 & 0 \\ 1 & 0 & 6 & 0 \end{bmatrix}$$

当数组中的非零元素很少时采用这种方法,只需要输入少量的数据,比较方便。如果某一行都是 0 元可以这样赋初值:

int Sp[3][3]={{2}, {}, {0,0,6}};

初始化后数组元素如下:

$$\begin{bmatrix} 2 & 0 & 0 \\ 0 & 0 & 0 \\ 0 & 0 & 6 \end{bmatrix}$$

7.2.2　二维数组元素引用

访问二维数组元素可通过两个下标控制,第一个用于指定元素的行下标,第二个用于指定元素的列下标。一个 m 行、n 列的二维数组,其行号、列号都是从 0 开始,最大的行号和列号分别是 m—1 和 n—1。

【例7.5】 从键盘给一个 3×4 的整型数组输入数据,且显示每行的最大数值。

```
# include 〈stdio. h〉
main ( )
{int a[3][4],b[3], i ,j;                    /* 定义一个 3×4 的二维数组 a */
 printf("input the number please:\n");
   for (i=0;i<3;i++)
     for (j=0;j<4;j++)
         scanf ("%d",&a[i][j]);            /* 用二重循环实现对各元素赋初值 */
   for (i=0;i<3;i++)
   {
     for (j=0;j<4;j++)
     printf("%4d",a[i][j]);
   }                                        /* 用二重循环将数组 a 的 12 个元素输出 */
   for (i=0;i<3;i++)
   {  b[i]=a[i][0];                         /* 数组 b 存放各行中的最大值 */
       for (j=1;j<4;j++)
         if (b[i]<a[i][j])
             b[i]=a[i][j];                  /* 比较第 i 行各元素,将最大值存入 b[i] */
   }
   for (i=0;i<3;i++)                        /* 输出数组 b 中的值,即为每行中的最大值 */
     printf ("\n第%d 行最大的数是:%d",i ,b[i]);
}
```

运行结果为:

```
input the number please :
1   2   3   4   5   6   7   8   9   10   11   12
1   2   3   4                                /* 第 1 行 */
5   6   7   8                                /* 第 2 行 */
9  10  11  12                                /* 第 3 行 */
第 1 行最大的数是:4                          /* 第 1 行的最大数 */
第 2 行最大的数是:8                          /* 第 2 行的最大数 */
第 3 行最大的数是:12                         /* 第 3 行的最大数 */
```

【例7.6】 利用二维数组输出转置矩阵。

分析:将矩阵的行和列上的数值进行交换,即可得到转置后的矩阵。二维数组中的两个下标分别用来控制行和列,因此使用二重循环控制行下标和列下标来确定具体数组元素。

```
# include 〈stdio. h〉
main ( )
{
    int  i ,j;
```

```
    int k[3][3]={{1,2,3},{4,5,6},{7,8,9}};
                                        /*定义一个 3×3 的二维数组 a */
    printf("the number in array :\n");
      for (i=0;i<3;i++)
        {for (j=0;j<3;j++)
          printf ("%4d",k[i][j]);
          printf("\n");
        }                               /*用二重循环将各元素输出*/
    printf("after reversed : \n");
      for (j=0;j<3;j++)
        {for (i=0;i<3;i++)
            printf ("%4d",k[i][j]);
          printf("\n");                 /*将转置后的各元素输出*/
        }
    }
```

运行结果为：

the number in array：

1　2　3

4　5　6

7　8　9

after reversed：

1　4　7

2　5　8

3　6　9

【例7.7】 设有两个矩阵 a 和 b，求 c=a * b。

$$a=\begin{bmatrix} 1 & 2 \\ 5 & 6 \\ 8 & 3 \end{bmatrix} \qquad b=\begin{pmatrix} -1 & 2 & 3 \\ 8 & 7 & 5 \end{pmatrix}$$

分析：二维数组用来处理矩阵的问题十分常见，根据矩阵乘法知 c＝a * b＝

$\begin{bmatrix} c_{11} & c_{12} & c_{13} \\ c_{21} & c_{22} & c_{23} \\ c_{31} & c_{32} & c_{33} \end{bmatrix}$，其中，$c_{ij}=\sum_{k=1}^{2} a_{ik} * b_{kj}$ ($i=1,2,3$;$j=1,2,3$)。因此，用循环实现求 c_{ij}：

```
c[i][j]=0;
for (k=1;k<=2;k++)
c[i][j]=c[i][j]+a[i][k] * b[k][j];
```

完整程序如下：

```
# include 〈stdio. h〉
main ( )
```

```
{     int   i ,j,k;
      static int a[4][3]={{0},{0,1,2},{0,5,6},{0,8,3}};
      static int b[3][4]={{0},{0,-1,2,3},{0,8,7,5}};
      int   c[4][4];
      for(i=1;i<=3;i++)
        for (j=1;j<=3;j++)
          {   c[i][j]=0;
              for (k=1;k<=2;k++)
                c[i][j]=c[i][j]+a[i][k] * b[k][j];
          }
      printf("the result is:\n");
      for(i=1;i<=3;i++)
        {   for (j=1;j<=3;j++)
              printf("%4d",c[i][j]);
            printf("\n");
        }
}
```

运行结果为:

```
the result is:
15   16   13
43   52   45
16   37   39
```

7.3 多维数组

多维数组的使用与一维数组、二维数组的方法基本相同。在程序实现时,每多一维,嵌套循环的层数就多一层。因此数组的维数越多,使用的程序的也就越复杂。所以一般情况下不要使用高维数组,通常只使用到三维,更多维的数组很少使用。

下面以一个三维数组为例,看看对多维数组的操作。

【例7.8】 给一个三维数组赋值,输出数组中所有元素并计算元素的总和。

```
# include <stdio. h>
main ( )
{int sum=0, i ,j ,k;
  int   a[2][2][2]={{{90,85},{60,75}},{{88,78},{75,77}}};
                                            / * 定义一个三维数组 a * /
  printf("output the number in array:\n");
  for (i=0;i<2;i++)
    for (j=0;j<2;j++)
      for (k=0;k<2;k++)
```

```
        {
            printf ("a[%d][%d][%d]=%d\n",i,j,k,a[i][j][k]);
            sum+=a[i][j][k];
        }                           /*用三重循环实现对各元素输出、求和*/
    printf("数组中各元素的和是%d\n",sum);
    }
```

运行结果为:

output the number in array:

a[0][0][0]=90

a[0][0][1]=85

a[0][1][0]=60

a[0][1][1]=75

a[1][0][0]=88

a[1][0][1]=78

a[1][1][0]=75

a[1][1][1]=77

数组中各元素的和是 628。

7.4　字符数组与字符串

7.4.1　字符数组

数据类型为字符型的数组称之为字符数组,数组中的每个元素都是字符类型。字符数组的重要性在于:一个一维字符数组可用于表示一个字符串。

1.定义与初始化

一维字符数组定义格式:

　　char 数组名 [常量表达式];

例如:char s1[10];

数组 s1 能够保存字符数最多为 9 个的字符串。字符数组也能在定义时初始化。例如:

　　char mystr[5]={'h','e','l','l','o'};

在定义数组的同时为数组的每个元素赋了初值:

　　mystr [0]='h', mystr [1]='e', mystr [2]='l', mystr [3]='l', mystr [4]='o'

数组中各元素在数组中存放情况如图 7-3 所示:

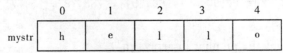

图 7-3　mystr 数组元素存储情况

给字符数组赋初值时,初值的个数可以小于字符数组定义的长度。若只对数组的前几个元素赋初值,那么其余的数组元素将自动被赋予"空格";若初值的个数大于字符数组的长度,那么将产生语法错误。

2.字符数组的输入与输出

字符数组的输入与输出基本与一维数组相同,但是在对字符进行逐个输入、输出的时候,通常会使用循环以及调用 getchar( )函数和 putchar( )函数进行处理。

【例7.9】 从键盘输入由四个字符组成的单词,且输出此单词。

```
#include <stdio. h>
main ()
{    int  i ,j ,k;
     char mystring[4];                        /*定义一个字符数组 mystring*/
     printf("\n input the char:");
     for(i=0;i<4;i++)
       {
          mystring[i]=getchar();              /*用循环从键盘接收字符*/
       }
     printf("\n * * * output the word * * *");
     for (i=0;i<4;i++)
       printf("%c",mystring[i]);              /*输出字符数组元素*/
}
```

运行结果为:

input the char: Test

* * * output the word * * * Test

7.4.2　字符串

字符串是一组字符的集合,在 C 语言中可以使用字符数组来处理字符串。例如:

char str[]={"This is a string"};

定义了一个长度为 17 的字符数组 str。赋值语句中只有 16 个字符,为什么数组长度是 17 呢? 因为编译器在字符串常量的最后自动增加了一个字符结束标志'\0'。

【例7.10】 求字符串的长度。

```
#include <stdio. h>
void main()
{
     char newstr[50];                         /*定义一个字符数组 newstr*/
     int i;
     printf("Input a string:");
     scanf("%s",newstr);
     i=0;
     while(newstr[i] ! ='\0')
       i++;                                    /*用循环计算数组中字符串长度*/
     printf("The length of this string is:%d\n", i);
}
```

运行结果为：

    Input a string：helloworld!

    The length of this string is：11

说明：scanf 输入函数使用了%s 格式符，表示输入一个字符串，输入项使用数组名，表示使用字符数组 newstr 来存放输入的字符串。scanf 函数使用%s 格式符接收一个字符串时，以空格或者回车表示输入结束，并自动在串尾加上一个结束符'\0'，因此可以利用'\0'来判断字符串是否结束。

7.4.3 字符串数组

一个字符串使用一个字符数组存放，那么字符串数组就如同二维数组，实质是存放字符数组的数组。

1. 字符串数组的定义

字符串数组定义格式如下：

    char 字符数组名［数组大小］［字符串长度］

数组大小表示字符串的数量，字符串长度表示每个字符串最大可存放的长度。同一个字符串数组中的每个字符串的长度并不完全相同，因此多多少少会造成空间的浪费。

例如：char student ［3］［10］；

此语句定义一个字符串数组 student，可以放 3 个字符串，每个字符串的长度为 10。

2. 字符串数组初始化

可以在定义数组的同时对字符串进行初始化。例如：

char student ［3］［8］＝{"hello"，"happy"，"student"}；

                  /＊student 数组中三个字符串分别为：hello、happy、student ＊/

3. 字符串数组的实例应用

【例7.11】 定义一个字符串数组并对其初始化，输出各字符串内容。

```
# include 〈stdio. h〉
void main()
{
    char sname[4][8]={"hello","happy","new","year"};
    int i；
    for (i=0；i<4；i++)
    printf("sname[%d]=%s\n",i ,sname[i])；
}
```

运行结果为：

    sname［0］＝hello

    sname［1］＝happy

    sname［2］＝new

    sname［3］＝year

7.4.4　字符串处理函数

C语言中有一些操作字符串的标准库函数,使用十分方便。头文件 string. h 包含所有字符串处理函数的说明。常用的函数有:字符串输出函数(即 puts 函数),字符串输入函数(即 gets 函数),字符串复制函数(即 strcpy 函数),字符串连接函数(即 strcat 函数),字符串比较函数(即 strcmp 函数),统计字符长度函数(即 strlen 函数)。本小节主要介绍这些常用的字符串处理函数的功能。

1.字符串输出函数(puts 函数)

使用格式:puts (字符串变量);

功能:是将字符串变量的内容(以'\0'结束的字符序列)显示到屏幕上。例如:

```
char str[]="china Beijing 2008";
puts(str);
```

运行结果:

china Beijing 2008

使用 puts 函数输出的字符串中可以包含转义字符,输出时自动将'\0'转换成'\n',在输完字符串后换行。当然字符串变量的输出也可以使用 printf 函数。

2.字符串输入函数(gets 函数)

使用格式:gets (字符串变量);

功能:从终端输入一个字符串,以回车表示输入结束,并且得到一个函数值。该函数值是字符数组的起始地址。当然一般使用 gets 函数时要注意的还是输入的字符串内容。例如:

```
gets(str);
puts(str);
```

如果从键盘输入:hello world ↙

则运行后输出为:hello world

3.字符串复制函数(strcpy 函数)

使用格式:strcpy (目标字符串, 源字符串);

功能:将源字符串的内容拷贝到目标字符串中。例如:

```
char mystr1[20],mystr2[]={"hello world!"};
strcpy (mystr1,mystr2);
```

上面的语句运行后,mystr2 中的字符串就被复制到 mystr1 中。应该注意的是:目标字符串的数组长度不能小于源字符串的长度,并且目标字符串一定是数组名(例如 mystr1)。

【例7.12】　strcpy 函数应用。

```
#include 〈string. h〉
void main(void)
{
    char str1[10];
    char str2[10]={"Computer"};
    printf("%s ",strcpy(str1,str2));
```

```
}
```

运行结果为：

　　Computer

4. 字符串复制函数(strncpy 函数)

使用格式：strncpy (目标字符串，源字符串，n);

功能：将源字符串中前 n 个字符拷贝到目标字符串中。用法与 strcpy 函数类似，例如：

char mystr1[20] ,mystr2[]={"hello world!"};

strncpy (mystr1, mystr2,5);

语句运行后，mystr2 的前 5 个字符被复制到 mystr1 中，然后加'\0'，即 mystr1 中是字符串"hello"。

【例7.13】　strncpy 函数应用。

```
#include <string. h>
void main(void)
{
        char str1[10]={"Tsinghua "};
        char str2[10]={"Computer"};
        printf("%s" , strncpy (str1,str2,3));
}
```

运行结果为：

　　Comnghua

5. 字符串连接函数(strcat 函数)

使用格式：strcat(字符串 1，字符串 2);

功能：将字符串 2 中的内容连接到字符串 1 的后面。

【例7.14】　strcat 函数应用。

```
#include <string. h>
void main(void)
{
        char str1[]={"Tsinghua "};
        char str2[]={"Computer"};
        printf("%s" , strcat(str1,str2));
}
```

运行结果为：

　　Tsinghua Computer

6. 字符串比较函数(strcmp 函数)

使用格式：strcmp (字符串 1,字符串 2);

功能：比较字符串 1 和字符串 2。比较规则是对两个字符串从左至右逐个字符相比较(根据 ASCII 码值比较)，直到出现不同的字符或者是字符串结束(遇到'\0')为止。此函数的返回值是整数，按照情况不同分为三种：

(1)若字符串 1=字符串 2,返回值为 0;

(2)若字符串 1＞字符串 2,返回值为正整数;

(3)若字符串 1＜字符串 2,返回值为负整数。

【例7.15】 调用 strcmp 函数应用举例。

```
#include <stdio. h>
#include <string. h>
void main(void)
{
    char buf1[]="aaa";
    char buf2[]="bbb";
    char buf3[]="ccc";
    int ptr;
    ptr=strcmp(buf2,buf1);
    if(ptr>0)
      printf("Buffer 2 is greater than buffer 1");
    else
      printf("Buffer 2 is less than buffer 1");
    ptr=strcmp(buf2,buf3);
    if(ptr > 0)
      printf("Buffer 2 is greater than buffer 3");
    else
      printf("Buffer 2 is less than buffer 3");
}
```

运行结果为:

Buffer 2 is greater than buffer 1

Buffer 2 is less than buffer 3

7. 字符串长度函数(strlen 函数)

使用格式:strlen(字符串);

功能:统计字符串 string 中字符的个数。strlen 函数计算字符串的实际长度,不包括'\0'在内。

【例7.16】 strlen 函数应用。

```
#include <string. h>
void main(void)
{
    char str[]={"Tsinghua Computer"};
    printf("The length of the string is %d",strlen(str));
}
```

运行结果为:

The length of the string is 17

7.5　数组程序实例

【例7.17】　采用冒泡排序法对8个数由小到大排序并输出。

分析:冒泡排序法是排序方法中使用十分普遍的方法,它的排序思路是:比较两个相邻数,将大的数调到前面,经过第一趟比较以后最大的数调到最前面,就像泡一样冒出来;下一趟重复前面的方法比较出第二大的数。类似地对于 n 个数经过 n−1 趟的比较就能将数据顺序排列出来了。以 5 个数位例,假设待排序数据序列为 12,4,20,1,9,则冒泡排序法的示意图如图 7-4 所示。

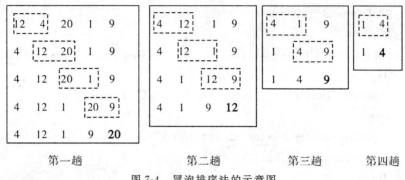

　　　第一趟　　　　　　　　第二趟　　　　　第三趟　　　　第四趟
图 7-4　冒泡排序法的示意图

如图 7-4 所示,从冒泡过程很清楚地观察到 5 个数据需要通过 4 趟比较,每趟将最大的数据调出,即冒出一个泡,剩下的数据参与下一趟的比较。4 趟比较结束后得到排序的数列。采用冒泡排序法对 8 个数由小到大排序并输出的具体程序如下:

```c
#include <stdio.h>
void main(void)
{    int p[8], i , j ,temp;
     printf(" input 8 numbers please :\n");
     for (i=0;i<8;i++)
       scanf ("%d", &p[i]);                      /*从键盘接收数据*/
     for (i=0;i<7;i++)                           /*控制趟数*/
       for (j=0;j<8−i;j++)                       /*控制每趟比较的次数*/
         if (p[j]>p[j+1])
         {
            temp=p[j];p[j]=p[j+1];p[j+1]=temp;
         }
     printf("the sorted numbers :\n");
     for (i=0;i<8;i++)
       printf ("%4d", p[i]);                     /*输出排序的数组*/
}
```

运行结果为:
　　input 8 numbers please :

```
12   0   5   6   8   7   9   50
the   sorted   numbers：
0   5   6   7   8   9   12   50
```

【例7.18】 采用选择排序法对 8 个数由小到大排序并输出。

分析：使用选择法对数据进行排序是依次用第一个数与后 n−1 个数进行比较，选择一个最小的与第一个元素交换；然后用第二个元素与后 n−2 个进行比较，选择一个最小的与第二个元素交换；以此类推即可将 n 个元素由小到大排序。

假设待排序数据序列为 12,4,20,1,9,则使用选择排序法的示意图如图 7-5 所示。

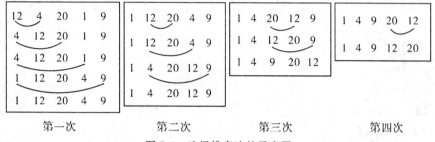

第一次　　　　　第二次　　　　　第三次　　　　　第四次

图 7-5　选择排序法的示意图

采用选择排序法对 8 个数由小到大排序并输出的具体程序如下：

```c
#include <stdio.h>
#define N 8
main()
{    int i,j,min,temp,a[N];
     printf("please input ten num:\n");
     for(i=0;i<N;i++)
       {
          printf("a[%d]=",i);
          scanf("%d\n",&a[i]);
       }                                          /*输入数据*/
     for(i=0;i<N;i++)
     printf("%5d",a[i]);
     printf("\n");
     for(i=0;i<N-1;i++)
       {  min=i;                       /*将最小数的下标存放在 min 中*/
          for(j=i+1;j<N;j++)
            if(a[min]>a[j]) min=j;
          temp=a[i];
          a[i]=a[min];
          a[min]=temp;
       }                                          /*数据排序*/
     printf("After sorted \n");
```

```
        for(i=0;i<N;i++)
            printf("%5d",a[i]);                    /* 输出排序后的数据 */
    }
```

运行结果为：

```
    please input ten num：
    a[0]=12
    a[1]=0
    a[2]=5
    a[3]=6
    a[4]=8
    a[5]=7
    a[6]=9
    a[7]=50
    12  0  5  6  8  7  9  50
    After sorted
    0  5  6  7  8  9  12  50
```

【例7.19】 下表表示同年级三个班的各科平均成绩：

班号	语文	数学	英语	总分
1	75.1	78.5	81	
2	76.2	77	75	
3	72	80	85	

试计算每个班各门课平均分的总分。

```c
#include <stdio.h>
void main(void)
{   int i,j;
    float sum；
    float avg[3][4]={{1,75.1,78.5,81},
                     {2,76.2,77,75},
                     {3,72,80,85}};
    printf("班号  语文  数学  英语  总分");
    for (i=0;i<3;i++)
    {   printf ("\n%4.0f ",avg[i][0]);             /* 输出班号 */
        for ( j=1,sum=0;j<4;j++)
    {   printf ("%6.1f ",avg[i][j]);               /* 输出各班各门平均分 */
        sum+=avg[i][j];                            /* 计算平均分的总和 */
    }
    printf ("%6.1f ",sum);                         /* 输出总分 */
    }
```

```
        }
```

运行结果为:

班号	语文	数学	英语	总分
1	75. 1	78. 5	81	234. 6
2	76. 2	77	75	228. 2
3	72	80	85	237. 0

【例7. 20】　从字符串中删除指定字符。

```
#include 〈stdio. h〉
void main(void)
{    int i , j ,temp;
     char c, a[]="this is the test of this charpe";
     printf ("input the char : ");
     scanf ("%c",&c);
     printf ("\n a[]=%s",a);
     for (i=j=0;a[i]! ='\0';i++)              /*字符串以'/0'表示结束*/
        if (a[i]! =c)   a[j++]=a[i];
     a[j]='\0';                               /*新的字符串形成*/
     if (i==j)
        printf ("\nhaven't found the' %c'\n", c);
                                              /*表示没有删除任何的字符*/
           else
        printf ("\na[]=%s",a);
}
```

运行结果为:

```
input the char :m
a[]=this is the test of this charpe
haven't found the 'm'
```

【例7. 21】　求一个 3×3 矩阵的对角线元素之和。

分析:利用双重 for 循环控制二维数组的输入,使用循环将 a[i][i] 累加,最后输出结果。具体程序如下:

```
#include 〈stdio. h〉
main ()
{
    int a[3][3],sum=0;
    int i,j;
    printf("please input rectangle element:\n");
    for(i=0;i<3;i++)
      for(j=0;j<3;j++)
        scanf("%d",&a[i][j]);                 /*输入矩阵元素*/
```

```
        for(i=0;i<3;i++)
            sum=sum+a[i][i];                    /*计算矩阵对角线上元素的和*/
        printf("\n total is :%d",sum);
    }
```

运行结果为：

please input rectangle element：

1 2 3

4 5 6

7 8 9

total is： 15

【例7.22】 定义两个字符串,将两个字符串连接起来。

```
#include <stdio.h>
void main(void)
{    int i ,j ,temp;
     char str1[]="china",str2[]="Beijing";        /*定义字符串并初始化*/
     printf ("\nstr1 is：%s",str1);
     printf ("\n str2 is：%s",str2);                   /*输出两个字符串*/
     i=0;
     while (str1[i]! ='\0')
        i++;                                  /*将 str1 的长度保存到 i*/
     for(j=0;str2[j]! ='\0';j++)              /*字符串以'\0'表示结束*/
        str1[i++]=str2[j];
     str1[i]='\0';
     printf ("\n%s",str1);
}
```

运行结果为：

str1 is：china

str2 is：Beijing

chinaBeijing

第8章 函　　数

本章主要介绍函数定义的一般形式和函数的调用,变量的作用域和存储域,数组作为函数的参数,函数的嵌套调用和递归调用。

8.1　函数概述

C 语言源程序是由函数组成的。函数是 C 语言源程序的基本模块,通过对函数模块的调用实现特定的功能。C 语言中的函数相当于其他高级语言的子程序。C 语言不仅提供了极为丰富的库函数(例如 Turbo C,MS C 都提供了三百多个库函数),还允许用户建立自己定义的函数。用户可把自己的算法编成一个个相对独立的函数模块,然后用调用的方法来使用函数。

例如,使用函数调用的源程序如下:

```
#include ⟨stdio. h⟩
void hello_world(void)
{
    printf ("Hello, world! \n");
}
void main(void)
{
    hello_world();                    /* 调用此函数 */
}
```

可以说 C 语言程序的全部工作都是由各式各样的函数完成的,所以也把 C 语言称为函数式语言。

在 C 语言中可从不同的角度对函数进行分类:

1. 从函数定义的角度看,函数可分为库函数和用户自定义函数两种。

(1)库函数

由系统提供,用户无须定义,也不必在程序中作类型说明,可以直接使用它们。例如我们经常使用的函数(printf 函数、getchar 函数和 putchar 函数等)都是函数库给我们提供的。

(2)用户自定义函数

由用户按需要写的函数。对于用户自定义函数,不仅要在程序中定义函数本身,而且在主调函数模块中还必须对该被调函数进行类型说明,然后才能使用。

2. C 语言的函数兼有其他语言中的函数和过程两种功能,从这个角度看,可把函数分为有返回值函数和无返回值函数两种。

（1）有返回值函数

此类函数被调用执行完后将向调用者返回一个执行结果，称为函数返回值。例如数学函数即属于此类函数。由用户定义的这种要返回函数值的函数，必须在函数定义和函数说明中明确返回值的类型。

（2）无返回值函数

此类函数用于完成某项特定的处理任务，执行完成后不向调用者返回函数值。这类函数类似于其他语言的过程。由于函数无需返回值，用户在定义此类函数时可指定它的返回值为"空类型"，空类型的说明符为"void"。

3. 从主调函数和被调函数之间数据传送的角度看可分为无参函数和有参函数两种。

（1）无参函数

函数定义、函数说明及函数调用中均不带参数。主调函数和被调函数之间不进行参数传送。此类函数通常用来完成一组指定的功能，可以返回或不返回函数值。

（2）有参函数

有参函数也称为带参函数。在函数定义及函数说明时都有参数，称为形式参数（简称形参）。在函数调用时也必须给出参数，称为实际参数（简称实参）。进行函数调用时，主调函数将把实参的值传送给形参，供被调函数使用。

还应该指出的是，C 语言程序的执行总是从主函数 main 开始，完成对其他函数的调用后再返回到主函数 main，最后由主函数 main 结束整个程序。一个 C 语言源程序必须有，也只能有一个主函数 main。

8.2　函数的定义和调用

8.2.1　函数的定义

函数的一般定义格式如下：

〈类型说明符〉〈函数名〉（形式参数表）　　　　　　　　　　　/ * 函数的头部 * /

　　　　　　　　　　　　　　　　　　　　　　　　　　　　/ * 函数体 * /

　{

　　　类型说明

　　　执行语句

　}

其中：

（1）〈类型说明符〉是指本函数的类型，函数的类型实际上是函数返回值的数据类型（例如 int、float、char 等），如果函数没有返回值，此时类型说明符用 void 表示。

（2）〈函数名〉是由用户定义的标识符，函数名后有一对空括号。

（3）（形式参数表）由 0 个、1 个或多个参数组成，多个参数之间用逗号隔开。每个形式参数对应一个类型说明符。形式参数表说明可以有以下表示形式：

　　　int func (int x, int y)

　　　{……}

（4）函数体即花括号{}括起来的部分。

【例8.1】　max 函数的定义。

```
int max(int a,int b)
{
    if (a>b)
       return a;
    else
       return b;
}
```

在 max 函数体中的 return 语句是把 a(或 b)的值作为函数的值返回给主调函数。有返回值函数中至少应有一个 return 语句。在 C 语言程序中,一个函数的定义可以放在任意位置,既可以放在主函数 main 之前,也可以放在主函数 main 之后。

【例8.2】　定义一个 max 函数,用于求两个数中的大数,并在主函数中调用 max 函数。

```
int max( int a, int b)                              /* 函数定义 */
{
    if( a>b )
    return a;
    else
    return b;
}
void main( )
{
int max (int a,int b);                              /* 函数说明 */
int x,y,z;
printf ("input two numbers:\n");
scanf ("%d%d", &x,&y);
z=max (x,y);
printf ("maxnum=%d" ,z);
}
```

程序的第 1 行至第 5 行为 max 函数定义。进入主函数后,因为准备调用 max 函数,故先对 max 函数进行说明(程序第 8 行)。函数定义和函数说明并不是一回事,在后面还要专门讨论。可以看出函数说明与函数定义中的函数头部分相同,但是末尾要加分号。程序第 12 行调用 max 函数,并把 x,y 的值传送给 max 的形参 a,b。max 函数执行的结果 (a 或 b) 将返回给变量 z。最后由主函数 main 输出 z 的值。

8.2.2　函数的调用

1.函数调用的一般形式

程序在执行过程中,除了主函数,其他函数(通常称为子函数)都是通过函数调用的方式执行的。C 语言中,函数调用的一般形式为:

〈函数名〉(〔实际参数表〕);

对无参函数调用时则无实际参数表。实际参数表中的参数可以是常数,变量或其他构造类型数据及表达式,各实参之间用逗号分隔。

2. 函数调用的方式

按照被调函数在主调函数中的作用,函数的调用方式可以表现为以下三种形式:

(1)函数调用语句

函数调用的一般形式加上分号即构成函数语句,以一条独立语句的形式出现,完成一种操作,无返回值。

【例8.3】 被调函数无返回值。

```
#include<stdio.h>
void pattern( )
{printf(" * \n");}
main( )
{   int i;
    for(i=2;i<=4;i++)
    {printf("%d",i);
    pattern( );
    }
}
```

运行结果为:

2 *

3 *

4 *

说明:自定义函数 pattern 是一个无参无返回值的函数,在主函数中通过一条单独的函数调用语句来调用 pattern 函数,pattern 函数只是完成一种操作,无返回值。

(2) 函数参数

函数作为另一个函数调用的实际参数出现。这种情况是把该函数的返回值作为实参进行传送,因此要求该函数必须是有返回值的。

【例8.4】 编写一个程序,在自定义函数中求 3 个数的最大值,而在主函数中输出最后结果。

```
#include<stdio.h>
int max(int a,int b,int c)                          /* 三个数求最大值 */
{   int t;
    t=(a>b? a:b);
    return (t>c? t:c);
}
  main( )
  {   int x,y,z;
  printf("input three number:");
  scanf("%d%d%d",&x,&y,&z);
  printf("the max number=%d\n",max(x,y,z));
  }
```

说明：该程序中，max 函数为有参函数，在主函数中，函数调用的结果即返回值作为输出函数的参数直接输出。

8.2.3　函数的返回值

函数的返回值是指函数被调用之后，执行函数体中的程序段所取得的并返回给主调函数的值。例如调用正弦函数取得正弦值，调用例 8.1 的 max 函数取得的最大数等。对函数的值（或称函数返回值）有以下一些说明：

1. 函数的值只能通过 return 语句返回主调函数。return 语句的一般形式为：

$$return\ 表达式；$$

或者为：

$$return（表达式）；$$

该语句的功能是计算表达式的值，并返回给主调函数。在函数中允许有多个 return 语句，但每次调用只能有一个 return 语句被执行，因此只能返回一个函数值。

下列函数 i_cube 将返回一个作为参数的整型值的三次方。例如，如果调用函数将数字 3 传递给函数，i_cube 将返回值 $3 * 3 * 3$ 或 27。

```
int i_cube(int value)
{
    return(value * value * value);
}
```

可以看出，函数使用 return 语句将计算结果返回给调用者。调用函数代码可将被调用函数的结果（也称返回值）赋给变量，或者可在第三个函数中使用返回值，例如 printf 函数。

```
result＝i_cube(3);
printf("The cube of 3 is %d\n",i_cube(3));
```

下面这个例子是使用 i_cube 函数来判断几个不同的立方值。

使用 i_cube 函数求几个数的立方值。

【例8.5】

```
#include <stdio.h>
int i_cube(int value)
{
    return(value * value * value);
}
void main(void)
{
    printf("The cube of 2 is %d\n",i_cube(2));
    printf("The cube of 3 is %d\n",i_cube(3));
    printf("The cube of 5 is %d\n",i_cube(5));
}
```

大家有可能发现有的函数包含多个 return 语句，它们分别为指定的条件返回各自的值。例如，如下所示的 cmpare_values 函数：

```
int compare_values(int first, int second)
{
    if(first == second)
        return(0);
    else if(first > second)
        return(1);
    else if(first<second)
            return(2);
}
```

2.函数值的类型和函数定义中函数的类型应保持一致。如果两者不一致,则以函数类型为准,自动进行类型转换。例如:

```
int max(float a,float b)          / * 函数值为整型 * /
double min(int a ,int b)          / * 函数值为双精度型 * /
char str(char str1, char str2)    / * 函数为字符型 * /
```

3.如果函数值为整型,在函数定义时可以省去类型说明。

4.不返回函数值的函数,可以明确定义为"空类型",类型说明符为"void"。因此可定义为:

```
void s(int n)
{
            / * function statements * /
}
```

一旦函数被定义为空类型后,就不能在主调函数中使用被调函数的函数值了。例如,在定义 s 为空类型后,在主函数中写下述语句"sum=s(n);"就是错误的。为了使程序有良好的可读性并减少出错,凡不要求返回值的函数都应定义为空类型。在主调函数中调用某函数之前应对该被调函数进行说明,这与使用变量之前要先进行变量说明是一样的。在主调函数中对被调函数作说明的目的是使编译系统知道被调函数返回值的类型,以便在主调函数中按此种类型对返回值作相应的处理。

对被调函数的说明,其一般形式为:

　　　　类型说明符 被调函数名(类型 形参,类型 形参……);

或为:

　　　　类型说明符 被调函数名(类型,类型……);

8.3　变量的作用域和存储域

完整的变量定义应该指明变量的作用域和存储域,作用域指明了变量的有效范围,存储域指明了变量在内存中的存储方式。一个 C 语言程序在内存中分为三段存储,如图 8-1 所示。

程序中定义的变量根据不同的存储类别分配在静态存储区或动态存储区中。

完整的变量定义格式如下:

| 程序区 |
| 静态存储区 |
| 动态存储区 |

图 8-1　三段存储

［存储类型符］〈数据类型符〉〈变量名〉；

8.3.1　变量的作用域

程序中定义的一个变量能起作用的程序范围称为变量的作用域。按照作用域的大小，变量分为全局变量和局部变量。

1. 局部变量

所谓"局部变量"，指的是在函数内部定义的变量，因此也叫内部变量，它的作用域仅局限于定义该局部变量的函数体内，我们之前编程所定义的都是局部变量。

例如：

```
int f1(int a)              /* 函数 f1 */
{   int b,c;
    ……}                   /* a,b,c 作用域:仅限于 f1( )函数中 */
int f2(int x)              /* 函数 f2 */
{   int y,z;
    ……}                   /* x,y,z 作用域:仅限于 f2( )函数中 */
main( )
{int m,n;
    ……}                   /* m,n 作用域:仅限于 main( )函数中 */
```

2. 全局变量

所谓"全局变量"，指的是在函数外部定义的变量，因此也叫外部变量，它的作用域从该变量的定义点开始直到源程序结束，可以被其他函数共用。例如：

```
例如:int   a, b;
    float   f1( )          /* f1( )函数 */
    { …… }
    float   x, y;
    int   f2( )            /* f2( )函数 */
    { …… }
    main( )
    { …… }
```

说明：全局变量 a,b 的作用域：f1( )函数，f2( )函数，main( )函数。全局变量 x,y 的作用域：f2( )函数，main( )函数。

8.3.2　变量的存储类别

在 C 语言中，变量的存储类别是指变量在内存中的存储方法。对变量的存储类型具体包含以下四种：自动(auto)，静态(static)，寄存器(register)，外部(extern)。

1. auto 变量

这种存储类型是 C 语言程序中使用最广泛的一种类型。C 语言规定，函数内凡未加存储类型说明的变量均视为自动变量，也就是说自动变量可省去 auto 说明符。在前面各章的程序中所定义的变量凡未加存储类型说明符的都是自动变量。例如：

```
int fun(int a)                    /* 定义 fun 函数,a 为形参 */
{
  float b =1.00;                  /* 定义 b 为浮点型 */
  int c=2;                        /* 定义 c 为整型 */
}
```

等价于:

```
int fun(int a)
{
  auto float b =1.00;
  auto c =2;
}
```

auto 变量有如下两种性质:

(1)auto 变量的生存期局部于所在的块。所在的块执行结束时,所占用的存储空间即被释放,从而可以节省存储空间。由于它随所在的块"共存亡",所以函数的两次调用之间,在函数中声明的变量以及参数的值不能保存。

(2)auto 变量由于生存期是局部的,其作用域一定局部于其声明语句所出现的块。从声明语句开始到该块结束的程序段内都可以引用该变量。

2. static 变量

在变量的存储类型符中,static 表示静态,局部变量和全局变量都可以用 static 说明,前者叫静态局部变量,后者叫静态全局变量。如:

```
static int x=3;                   /* 定义静态全局变量 x */
main( )
{static int y;                    /* 定义静态局部变量 y */
  …
}
```

静态变量采用静态存储方式存储,所分配的空间在静态存储区中。静态存储区内存放的变量有默认初值,例如上面函数体中的静态局部变量 y,其默认值是 0。

【例8.6】 分析全局和静态变量的特点。

```
#include ⟨stdio. h⟩
int fun(int a)
{   auto int b=0;
    static int c;
    b=b+1;
    c=c+1;
    return(a+b+c);
}
main( )
{   int a=2,i;
    for(i=1;i<=3;i++)
```

```
    printf("%d,", fun(a));
    }
```

运行结果为:4,5,6

3. 寄存器变量 register

为了提高效率,C 语言允许将局部变量的值放在 CPU 中的寄存器中,这种变量叫"寄存器变量",用关键字 register 作声明。

【例8.7】 分析程序运行,体会寄存器变量的特点。

```
    void main()
    {
        register int i;                        /*定义一个寄存器变量*/
        int tmp=0;
        for(i=1;i<=100;i++)
        tmp+=i;
        printf("The sum is %d\n",tmp);
    }
```

说明:

(1)main 函数中定义了一个 register 变量,由于计算机中寄存器的数目有限,我们不能定义太多的寄存器变量。一般只允许将 int,char 和指针型变量定义为寄存器变量。

(2)只有自动变量和形参可以作为寄存器变量,其他类型的变量不能定义为寄存器变量。

(3)寄存器变量的作用域局限于定义它的函数体内,一旦退出该函数,寄存器变量占用的寄存器将被释放。

4. extern 存储类(外部变量)

外部变量(即全局变量)是在函数的外部定义的,它的作用域为从变量定义处开始,到本程序文件的末尾。如果外部变量不在文件的开头定义,其有效的作用范围只限于定义处到文件终了。如果在定义点之前的函数想引用该外部变量,则应该在引用之前用关键字 extern 对该变量作"外部变量声明",表示该变量是一个已经定义的外部变量。

8.4 函数参数的传递方式

8.4.1 形参和实参间的值传递

我们已经介绍了形参和实参的概念:形参是函数定义时的形式参数,只在函数被调用时才被分配内存空间;实参是出现在函数调用点的实际参数,当它被定义时就有了对应的内存空间;实参和形参分别占据不同的内存空间。

值传递方式是指:在调用函数时,将实参变量的值复制到形参变量对应的存储单元中,使形参变量在数值上与实参变量相等。C 语言中的实参可以是一个表达式,调用时先计算表达式的值,再将结果复制到形参对应的存储单元中,一旦函数执行完毕,这些存储单元所保存的值不再保留。形式参数是函数的局部变量,仅在函数内部才有意义,不能用它来传递函数的结果。

　　值传递的优点在于被调用的函数不可能改变主调函数中变量的值，而只能改变它的局部的临时副本即形参的值。这样就可以避免被调用函数的操作对主调函数中的变量可能产生的副作用。值传递方式是函数间采用的最普遍的数据传递方式。

【例8.8】 值传递方式。

```
#include<stdio.h>
int max(int x,int y);
main()
{   int a,b,c;
    scanf("%d%d",&a,&b);
    c=max(a,b);
    printf("the max is %d\n",c);
}
max(int x,int y)
{   if(x>y) return x;
    else return y;
}
```

2 3↙

the max is 3

　　说明：当 max 函数被调用时，形参 x,y 被分配对应的内存空间，实参 a 将值 2 复制到 x 的对应空间，实参 b 将值 3 复制到 y 的对应空间，通过 max 函数的运行，将返回值 3 带回调用点并存入变量 c 中，最后输出结果。

【例8.9】 分析程序的功能及结果。

```
#include<stdio.h>
void switch (int x,int y);
main()
{   int a,b;
    scanf("%d%d",&a,&b);
    switch(a,b);
    printf("a=%d,b=%d\n",a,b);
}
void switch(int x,int y)
{   int t;
    t=x;
    x=y;
    y=t;
}
```

2 3↙

a=2,b=3

　　说明：该程序希望通过 switch 函数实现两个变量值的交换，但结果表明交换并未实现。

在 switch 函数中,形参 x 和 y 通过函数的运行,二者的值确实交换了,但由于形参和实参分别占据不同的空间,形参值的改变并不能影响实参值,因而当从 switch 函数返回到主函数后,形参空间被释放,形参值也丢失了,实参值维持不变。

由以上 2 个例子,可以总结出函数参数的特点:

(1)形参在被调函数中定义,实参在主调函数中定义。

(2)形参是形式上的,定义时编译系统并不为其分配存储空间,也无初值,只有在函数调用时,临时分配存储空间,接收来自实参的值,函数调用结束,内存空间释放,值消失。

(3)实参可以是变量名或表达式,形参只能是变量名。

(4)实参与形参之间是单向的值传递,即实参的值传给形参,因此,实参与形参必须类型相同,个数相等,一一对应。

8.4.2　形参和实参间的地址传递

变量有三要素:变量名、变量值和变量的地址。有时,值传递方式无法实现两个变量间值的互换,主要原因是参与交换的形参所占据的空间并非实参的空间,如果它们的空间一致,那么对形参的操作也就是对实参的操作,问题就迎刃而解了。地址传递方式正好解决以上的问题。

【例8.10】　地址传递方式交换数据。

```c
#include<stdio.h>
void switch (int * x,int * y);
main( )
{   int a,b;
    scanf("%d%d",&a,&b);
    switch(&a,&b);
printf("a=%d,b=%d\n",a,b);
}
{   int t;
    t= * x;
    * x= * y;
    * y=t;
}
```

2 3↙

a=3,b=2

说明:

(1)主函数中的函数调用由一条单独的语句表示,函数调用中的两个实参前加了符号 &,这个符号在格式控制输入函数中已经接触过了,它表示函数调用时,实参将对应内存空间的地址编号传递给形参,此时,形参和实参均占据相同的内存空间,对形参所作的操作等同于直接对实参进行操作,因此在 switch 函数中对形参值的交换即是对实参值的交换。

(2)由于形参和实参的数据类型必须一致,因此在函数 switch 中,将两个形参定义为整型指针(关于指针将在后一章学习)类型,即地址参数。

8.4.3　数组作参数

前面介绍了简单变量作函数参数时的数据传递,此外,数组也可以作为函数参数。数组作函数参数的方式有两种:一种是数组中的元素作函数的参数,另一种是数组名作函数的参数。

1. 数组元素作函数参数

数组定义、赋值之后,数组中的元素可以逐一使用,与普通变量相同。由于形参是在函数定义时定义,并无具体的值,因此,数组元素只能在函数调用时作函数的实参。

【例8.11】　分析程序的执行过程。

```
#include ⟨stdio. h⟩
int max (int x,int y)
{   if (x>y) return x;
    else return y;
}
main( )
{   int a[10],b,i;
    for (i=0;i<10;i++)
       scanf ("%d", &a[i]);
    b=0;
    for (i=0;i<10;i++)
    b=max(b,a[i]);    /* 循环调用函数,依次用数组中的每一个元素做实参 */
    printf("%d", b);
}
```

说明:当用数组中的元素作函数的实参时,必须在主调函数内定义数组,并使之有值,这时实参与形参之间仍然是"值传递"的方式,函数调用之前,数组已有初值,调用函数时,将该数组元素的值,传递给对应的形参,两者的类型应当相同。

2. 数组名作函数的参数

数组名作函数的参数,必须遵循以下原则:

(1)如果形参是数组形式,则实参必须是实际的数组名;如果实参是数组名,则形参可以是同样维数的数组名或指针。

(2)要在主调函数和被调函数中分别定义数组。

(3)实参数组和形参数组必须类型相同,形参数组可以不指明长度。

(4)在 C 语言中,数组名除作为变量的标识符之外,还代表了该数组在内存中的起始地址,因此,当数组名作函数参数时,实参与形参之间不是"值传递",而是"地址传递",实参数组名将该数组的起始地址传递给形参数组,两个数组共享一段内存单元,编译系统不再为形参数组分配存储单元。

【例8.12】　假设一个班有 30 个学生,在主函数中输入全班的 C 语言成绩,再定义一个函数求平均成绩,在主函数中输出最后结果。

```
#include⟨stdio. h⟩
#define MAX 30
float score( );
```

```
main( )
{   int i;
float stu[MAX];
    printf("input the all score:\n");
    for(i=0;i<30;i++)
       scanf("%f",&stu[i]);
printf("\n");
printf("the average is %.2f\n",score(stu,MAX));
}
float score(float n[ ],int x)
{   int j;
    static float total;
    for(j=0;j<x;j++)
            total+=n[j];
    return(total/x);
}
```

说明：

(1)程序中,主调函数在前,被调函数在后,所以在函数外部使用了函数说明语句,该语句也可放在主函数开头。

(2)在主函数的函数调用中,有两个实参。其中 stu 是数组名,数组名表示数组的首地址,可以传递整个数组;MAX 表示数组元素的个数。

(3)score 函数中有两个形参,分别对应主函数中的两个实参。

(4)因为数组名是地址变量,在函数传递时,stu 将数组的首地址传递给 n[ ],实际上,实参和形参指向了同一段空间,MAX 和 x 之间依然是值传递。

(5)在用一维数组名作函数参数时,实参可以直接用数组名表示,形参必须定义成数组,但可以省略数组长度,如上程序段所示。

8.5   函数的嵌套调用和递归调用

8.5.1   函数的嵌套调用

C 语言中不允许作嵌套的函数定义,因此各函数之间是平行的,不存在上一级函数和下一级函数的问题。但是 C 语言允许在一个函数的定义中出现对另一个函数的调用,这样就出现了函数的嵌套调用。即在被调函数中又调用其他函数。这与其他语言的子程序嵌套的情形是类似的。其关系如图 8-2 所示。

图 8-2 表示了两层嵌套的情形。其执行过程是:执行 main 函数中调用 a 函数的语句时,即转去执行 a 函数,在 a 函数中调用 b 函数时,又转去执行 b 函数,b 函数执行完毕返回 a 函数的断点继续执行,a 函数执行完毕返回 main 函数的断点继续执行直到结束。

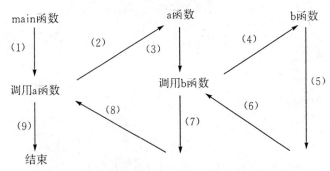

图 8-2　函数嵌套示意图

【例8.13】　函数的调用。

本题可编写两个函数,一个是用来输出的函数 hello_world,另一个是函数 three_hellos。主函数先调 three_hellos,再在 three_hellos 中再调用 hello_world 输出字符,再返回主函数。

```
#include <stdio.h>
voidhello_world(void)                        /* 定义函数 hello_world */
{
    printf("Hello, world! \n");
}
    voidthree_hellos(void)
{
    int counter;
    for (counter=1;counter <=3;counter++)
    hello_world();                           /* 调用函数 hello_world */
}
    void main(void)
{
    three_hellos();                          /* 调用函数 three_hellos */
}
```

8.5.2　函数的递归调用

一个函数在它的函数体内调用它自身称为递归调用,这种函数称为递归函数。C 语言允许函数的递归调用。在递归调用中,主调函数又是被调函数。执行递归函数将反复调用其自身。每调用一次就进入新的一层。例如 f 函数如下:

```
int f (int x)
{
    int y;
    z=f(y);
    return z;
}
```

这个函数是一个递归函数。但是运行该函数将无休止地调用其自身,这当然是不正确的。为了防止递归调用无终止地进行,必须在函数内有终止递归调用的手段。常用的办法是加条件判断,满足某种条件后就不再作递归调用,然后逐层返回。下面举例说明递归调用的执行过程。

【例8.14】 用递归法计算 n!。

n! 可用下述公式表示:

n! ＝1 (n＝0,1)

n×(n－1)! (n＞1)

按公式可编程如下:

```
#include 〈stdio.h〉
long ff(int n)
{
    long f;
    if(n<0)printf("n<0,input error");
    else if(n==0||n==1) f=1;
    else f=ff(n-1) * n;
    return(f);
}
main()
{
    int n;
    long y;
    printf("\ninput a integer number:\n");
    scanf("%d",&n);
    y=ff(n);
    printf("%d! =%ld",n,y);
}
```

程序中给出的 ff 函数是一个递归函数。主函数调用 ff 函数后即进入 ff 函数执行,如果 n＜0,n＝＝0 或 n＝1 时都将结束函数的执行,否则就递归调用 ff 函数自身。由于每次递归调用的实参为 n－1,即把 n－1 的值赋予形参 n,最后当 n－1 的值为 1 时再作递归调用,形参 n 的值也为 1,将使递归终止,然后可逐层退回。下面我们再举例说明该过程。设执行本程序时输入为 3,即求 3!。在主函数中的调用语句即为 y＝ff(3),进入 ff 函数后,由于 n＝3,不等于 0 或 1;故应执行 f＝ff(n－1) * n,即 f＝ff(3－1) * 3。该语句对 ff 函数作递归调用即 ff(2)。进行二次递归调用后,ff 函数中形参取得的值变为 1,故不再继续递归调用而开始逐层返回主调函数。ff(1)的函数返回值为 1,ff(2)的返回值为 1 * 2＝2,ff(3)的返回值为 2 * 3＝6。

第9章 结构与联合

在现实中我们描述一个学生一门课的成绩使用一个整型变量,如果我们要描述30个学生的一门课的成绩的可以使用数组,组成数组的元素必须是相同类型的变量(30名学生同一门课的成绩的数据类型都为整数型符合要求),因此数组适合描述不同对象的同一属性,例如描述30个人的成绩可以表示为:int score[30]。

但在实际中常常会描述同一对象的不同属性,例如一个学生有学号、姓名、性别、年龄、各科成绩,表示这些属性的数据具有不同的类型,学号可为整型或字符型;姓名应为字符型;性别应为字符型;年龄应为整型;各科成绩可为整型或实型。为了解决这个问题,C语言给出了另一种构造数据类型——结构。

"结构"是一种构造类型,它是由若干"成员"组成的。这些成员可以是任何类型变量,包括结构和数组及指针,同时结构也可以作为数组的元素,称为结构数组,结构变量和指向结构的指针可以作为参数传递,也可以作为函数的返回值,同时结构中还可以有指向自己的指针广泛应用于链表、树。结构是一种"构造"而成的数据类型,那么在说明和使用之前必须先定义它,也就是构造它。如同在说明和调用函数之前要先定义函数一样。

9.1 结构

9.1.1 结构的定义

定义一个结构的一般形式为:

struct 结构名称
{
  数据类型 成员;
  数据类型 成员;
  …
};

struct是定义结构的关键字,大括号里是结构体部分包括若干个成员,每个成员都是该结构的一个组成部分。对每个成员也必须指明其数据类型,成员可以为任何类型且结构成员还可以和结构外部的其他变量同名,不同结构的成员也可以同名,但同一结构的成员不能同名。

结构名、成员名的命名应符合标识符的书写规定。例如:

struct person
{
  int id;
  char name[20];

```
        char sex;
        int age;
    };
```

在这个结构定义中,结构名为 person,该结构由 4 个成员组成。第一个成员为 id,整型变量;第二个成员为 name,字符数组;第三个成员为 sex,字符变量;第四个成员为 age,整型变量。应注意在括号后的分号是不可少的。结构定义之后,即可进行变量说明。凡说明为结构 person 的变量都由上述 4 个成员组成。

9.1.2　结构变量的定义

说明结构变量有三种方法。以上面定义的 person 为例来加以说明。

1.先定义结构,再说明结构变量。

一般形式:

struct 结构名称

{

　　数据类型 成员;

　　数据类型 成员;

　　…

};

struct　结构名称　变量名称列表;

【例9.1】　说明结构变量实例一。

```
    struct person
    {
        int id;
        char * name;
        char sex;
        int age;
    };
    struct person p1,p2,p[10];
```

说明了两个变量 p1 和 p2 为 person 结构类型,p 为 person 结构数组。如果在程序开始位置使用一条预处理命令:♯define PER struct person,则常量 PER 与 struct person 完全等效。

【例9.2】　说明结构变量实例二。

```
    ♯define PER struct person
    PER
    {
        int num;
        char * name;
        char sex;
        float score;
```

```
    };
    PER   p1, p2;
```

2. 在定义结构类型的同时说明结构变量。

一般形式：

```
struct 结构名称
{
    数据类型 成员；
    数据类型 成员；
    …
} 变量名称列表；
```

【例9.3】 说明结构变量实例三。

```
    struct person
    {
        int id;
        char * name;
        char sex;
        int age;
    } p1, p2;
```

3. 直接说明结构变量。例如：

一般形式：

```
struct
{
    数据类型 成员；
    数据类型 成员；
    …
} 变量名称列表；
```

【例9.4】 说明结构变量实例四。

```
    struct
        {
        int id;
        char * name;
        char sex;
        int age;
    } p1, p2;
```

　　第三种方法省去了结构名称,而直接给出结构变量。三种方法中说明的结构变量 p1,
p2 都具有同样的结构。说明了 p1,p2 为 person 类型后,即可向这两个变量中的各个成员
赋值。在上述 person 结构定义中,所有的成员都是基本数据类型或数组类型。除此之外,
成员也可以又是一个结构,即构成了嵌套的结构。

【**例9.5**】　说明结构变量实例五。

```
struct date{
    int month;
    int day;
    int year;
};
struct person{
    int id;
    char name[20];
    char sex;
    struct date birthday;
}p1,p2;
```

首先定义一个结构 date,由 month(月)、day(日)、year(年) 三个成员组成。在定义第二个结构 person 时,其中的成员 birthday 被说明为 date 结构类型。成员名可与所在程序中其他变量同名,互不干扰。在程序中使用结构变量时,往往不把它作为一个整体来使用。

9.1.3　结构成员的引用

在 ANSI C 中对结构变量的使用包括赋值、输入、输出、运算等,这些都是通过结构变量的成员来实现的。结构成员的引用通过"."运算符构成表达式。

　　　　结构变量名. 成员名

例如:p1. id 即第一个人的身份证号,p2. sex 即第二个人的性别。如果成员本身又是一个结构则必须逐级找到最低级的成员才能使用。例如:p1. birthday. month 表示第一个人出生的月份。成员可以在程序中单独使用,与普通变量完全相同。其中"."是一个小数点,称为结构成员运算符,"."连接结构变量名和成员名,属于最高级运算符,所以结构成员的引用表达式是一个整体,它的作用与数组中的下标变量相同,前者表示一个结构成员,后者表示一个数组成员。例如:

```
p1. sex='M';
p2. sex='F';
scanf("%s",&p1. name);
```

结构变量的赋值就是给各成员赋值,可用输入语句或赋值语句来完成。

【**例9.6**】　给结构变量赋值并输出其值。

```
main()
{
    struct person
    {
        int id;
        char * name;
        char sex;
        int age;
    } p1, p2;
```

```
        p1. id=102;
        p1. name="jack";
        printf("input sex and age\n");
        scanf("%c %d",&p1. sex,&p1. age);
        p2=p1;
        printf("Number=%d\nName=%s\n Sex=%c\nAge=%d\n",p2. id,
        p2. name, p2. sex,p2. age);
    }
```

本程序中用赋值语句给 id 和 name 两个成员赋值,name 是一个字符串指针变量。用 scanf 函数动态地输入为 sex 和 age 成员赋值,然后把 p1 的所有成员的值整体赋予 p2。最后分别输出 p2 的各个成员值。本例表示了结构变量的赋值、输入和输出的方法。

9.1.4　结构变量的初始化

结构变量初始化需注意以下几点:第一,如果结构变量是全局变量或为静态变量,则可对它作初始化赋值。对局部或自动结构变量不能作初始化赋值。第二,初始化的数据类型、顺序要和结构类型定义中的成员匹配,数据间用逗号分隔。第三,所有数据用花括号括起来,最后以分号结束。

根据结构变量定义的三种情况进行初始化情况也分三种:

1. 初始化形式一。

```
struct 结构名称
{
    数据类型 成员;
    数据类型 成员;
    …
};
struct　结构名称　变量名称={初始数据};
```

2. 初始化形式二。

```
struct 结构名称
{
    数据类型 成员;
    数据类型 成员;
    …
} 变量名称={初始数据};
```

3. 初始化形式三。

```
struct
{
    数据类型 成员;
    数据类型 成员;
    …
```

} 变量名称＝{初始数据};

【例9.7】　外部结构变量初始化。

```
struct person
{
    int id;
    char * name;
    char sex;
    int age;
}p2,p1={102,"jack",'M',23};
main()
{
    p2=p1;
    printf("Number=%d\nName=%s\n Sex=%c\nAge=%d\n",p2. id,
    p2. name, p2. sex,p2. age);
}
```

本例中,p2,p1 均被定义为外部结构变量(定义在 main()函数外部),并对 p1 作了初始化赋值。在 main()函数中,把 p1 的值整体赋予 p2,然后用 printf 语句输出 p2 各成员的值。

【例9.8】　静态结构变量初始化。

```
main()
{
    static struct stu / * 定义静态结构变量 * /
    {
        int id;
        char * name;
        char sex;
        int age;
    }p2,p1={102,"jack",'M',23};
    p2=p1;
    printf("Number=%d\n Name=%s\n Sex=%c\nAge=%d\n",p2. id,
    p2. name, p2. sex,p2. age);
}
```

本例是把 p1,p2 都定义为静态局部的结构变量(在 struct 关键字前加上 static 表示静态结构变量),同样可以作初始化赋值。

9.1.5　结构函数

1.结构作函数的参数

结构作函数的参数有三种可能的方法:(1)传递一个结构成员(用结构成员作实参);(2)传递整个结构(用结构变量名作实参);(3)传递结构的指针(用结构的地址或指向结构的指针作实参)。

前两种方法是将结构拷贝到形参(即传值,传递结构的副本),第三种方法传递的仅仅是结构的指针(传地址)。

2. 返回结构或结构指针的函数

函数的返回值为结构变量或指向结构变量的指针。

3. 程序举例

有一个结构体变量 stu,内含学生学号、姓名和 3 门课的成绩。要求在 main 函数中为各成员赋值,在另一函数 print 中将它们的值输出。

【例9.9】 用结构体变量作函数参数。

```
#include <iostream>
#include <string>
struct Student/* 声明结构体类型 Student */
{
    int num;
    float score[3];
};
void print(Student st)
{
    printf("%d\n %f\n %f\n %f\n", st.num, st.score[0], st.score[1], st.score[2]);
}
int main()
{
    void print(Student);/* 函数声明,形参类型为结构体 Student */
    Student stu;/* 定义结构体变量 */
    stu.num=1011;/* 以下 5 行对结构体变量各成员赋值 */
    stu.score[0]=78.5;
    stu.score[1]=89;
    stu.score[2]=85.5;
    print(stu);/* 调用 print 函数,输出 stu 各成员的值 */
    return 0;
}
```

运行结果为:

```
1011
78.500000
89.000000
85.500000
```

9.1.6 结构数组

一个结构体变量中可以存放一组数据(例如一个人的身份证号、姓名、性别等数据)。如果有 10 个人的数据需要参加运算,显然应该用数组,这就是结构体数组。结构数组的每一个元素都是具有相同结构类型的下标结构变量。在实际应用中,经常用结构数组来表示具有相同数据结构的一个群体。例如一个班的学生档案,一个车间职工的工资表等。

结构数组的定义方法和结构变量相似,只需说明它为数组类型即可。例如:

```
struct person
{
    int id;
    char * name;
    char sex;
    int age;
}p[3];
```

定义了一个结构数组 p,共有 3 个元素,p[0]~p[2]。每个数组元素都具有 struct person 的结构形式。对外部结构数组或静态结构数组可以作初始化赋值,例如:

【例9.10】 定义一个外部结构数组并作初始化赋值。

```
struct person
{
    int id;
    char * name;
    char sex;
    int age;
}p[3]={
        {101,"jack",'M',23},
        {102,"may",'M',25},
        {103,"nike",'F',20},
    };
```

当对全部元素作初始化赋值时,也可不给出数组长度。

【例9.11】 计算学生不及格的人数。

```
struct student
{
    int num;
    char * name;
    float score;
}stu[5]={
    {101,"jack",45},
    {102,"may",62.5},
    {103,"nike",92.5},
    {104,"chen",87},
    {105,"Wang",58}
};
```

```
main()
{
    int i,c=0;
    for(i=0;i<5;i++)
    {
        if(stu[i].score<60) c+=1;
    }
    printf("count=%d\n", c);
}
```

本例程序中定义了一个外部结构数组 stu,共 5 个元素,并作了初始化赋值。在 main 函数中用 for 语句逐个判断各元素的 score 成员值是否小于 60,如果 score 的值小于 60(不及格)即计数器 C 加 1,循环完毕后输出全班不及格人数。

9.1.7 位域结构

有些信息在存储时并不需要占用一个完整的字节,而只需占几个或一个二进制位。例如在存放一个开关量时,只有 0 和 1 两种状态,用一位二进位即可。为了节省存储空间,并使处理简便,可以使用数据结构进行存储,称为"位域"或"位段"。所谓"位域"是把一个字节中的二进位划分为几个不同的区域,并说明每个区域的位数。每个域有一个域名,允许在程序中按域名进行操作。这样就可以把几个不同的对象用一个字节的二进制位域来表示。

位域结构定义的一般形式为:

struct 位域结构名{

　　数据类型 变量名:整型常数;

　　数据类型 变量名:整型常数;

} 位域结构变量;

其中:关键字为 struct,位域结构名要求符合命名规则,数据类型必须是 int(unsigned 或 signed)。整型常数必须是非负的整数,范围是 0~15,表示每个位域所占二进制位的个数,即表示有多少位。

例如:下面定义了一个位域结构。

```
struct{
    unsigned a:8;      /* a 占 8 位,无符号数据 */
    unsigned b:4;      /* b 占 4 位,无符号数据 */
    unsigned c:3;      /* c 占 3 位,无符号数据 */
    unsigned d:1;      /* d 占 1 位,无符号数据 */
}ch;
```

位域结构成员的访问与结构成员的访问相同。例如:访问上例位域结构中的成员可写成:

```
    ch.a=1;
    ch.b=8;
    ch.c=10;
    ch.d=0;
```

注意：

1. 位域结构中的成员可以定义为 unsigned（无符号），也可定义为 signed（有符号），但当成员长度为 1 时，会被认为是 unsigned 类型，因为单个位域不可能具有符号。

2. 位域结构中的成员不能使用数组和指针，但位域结构变量可以是数组和指针，如果是指针，其成员访问方式同结构指针一致。

3. 位域结构总长度（位数）是各个位域成员定义的位数之和，可以超过两个字节。

4. 位域结构成员可以与其他结构成员一起使用。

【例9.12】 位域结构成员与其他结构成员一起使用举例。

```
struct info{
    char name[8];
    int age;
    struct addr address;
    float pay;
    unsigned state：1;
    unsigned ispay：1;
}workers;
```

上例的结构定义了一个工人的信息。其中有两个位域结构成员（state 和 ispay），每个位域结构成员只有一位，因此只占一个字节但保存了两个信息，该字节中第一位（state）表示工人的状态，第二位（ispay）表示工资是否已发放。由此可见使用位域结构可以节省存贮空间。

9.2　联合

9.2.1　联合的定义

在实际问题中有很多这样的情况。例如在登陆某网站填写：用户名和密码。对"用户名"一项可以填写注册的用户名（例如：jack），或者填写注册的 id 号（例如：123）。用户名用字符类型，注册的 id 号可用整型量表示。"用户"这个变量要适合两种类型不同的数据，就必须把"用户"定义为包含整型和字符型数组这两种类型的"联合"。

"联合"与"结构"有一些相似之处，它们都可以定义多个不同数据类型的成员。但两者有本质上的不同。在结构中各成员有各自的内存空间，一个结构变量的总长度是各成员长度之和。而在"联合"中，各成员共享一段内存空间，一个联合变量的长度等于各成员中最长的长度。

应该说明的是，这里所谓的共享一段内存空间不是指把多个成员同时装入一个联合变量内，而是指该联合变量可被赋予任一成员值，但每次只能赋一种值，赋入新值则冲去旧值。例如前面介绍的"用户"变量，如果定义为一个可装入"用户名"或"用户 id"的联合后，就允许字符串（昵称）或赋予整型值（用户 id）。要么赋予字符串，要么赋予整型值，不能把两者同时赋予它。

定义一个联合类型的一般形式为：

```
union 联合名
{
      数据类型 成员;
      数据类型 成员;
      …
}变量列表;
```

联合含有若干成员,成员的一般形式为:类型说明符 成员名;成员名的命名应符合标识符的规定。

例如:

```
union user
{
      int userid;
      char username[30];
};
```

定义了一个名为 user 的联合类型表示"用户"变量,它含有两个成员,一个为整型,成员名为 userid 表示填写用户 id 的情况;另一个为字符数组,数组名为 username 表示填写用户名的情况。联合定义之后,即可进行联合变量说明,被说明为 user 类型的变量,可以存放整型量 userid 或存放字符数组 username。

9.2.2　联合变量的说明

联合变量的说明和结构变量的说明方式相同,也有三种形式。即先定义,再说明;定义同时说明和直接说明。以 user 类型为例,说明如下:

1.先定义,再说明

```
union user
{
      int userid;
      char username[30];
};
union user user1,user2;/ * 说明 user1,user2 为 user 类型 * /
```

2.同时说明

```
union user
{
      int userid;
      char username[30];
} user1,user2;
```

3.直接说明

```
union
{
      int userid;
```

```
    char username[30];
} user1,user2;
```

经说明后的 user1,user2 变量均为 user 类型。a,b 变量的长度应等于 user 的成员中最长的长度,即等于 username 数组的长度,共 30 个字节。a,b 变量如赋予整型值时,只使用了 2 个字节,而赋予字符数组时,可用 30 个字节。

9.2.3　联合变量的赋值和使用

对联合变量的赋值、使用其实就是对变量的成员进行赋值和使用。联合变量的成员表示为:
联合变量名. 成员名

例如,user1 被说明为 user 类型的变量之后,可使用 user1. userid,user1. username。不允许只用联合变量名作赋值或其他操作。定义联合变量时可以对变量赋初值,但只能对变量的第一个成员赋初值。还要再强调说明的是,一个联合变量,每次只能赋予一个成员值,如果赋予新值,原有数值将被代替。换句话说,一个联合变量的值就是联合变量的某一个成员值。

【例9.13】　设有一个用户登录表格,数据有用户级别(取值 1 或者 2)、用户名和密码两项。其中用户名可选择填写用户 id(用户级别为 1 时)或用户名(用户级别为 2 时)。

编程输入用户登录数据,再以表格输出。

```
main()
{
struct
{
    int level;
    int password;
    union
    {
        int userid;
        char username[30];
    } user;
}userlogin[2];
int i;
for(i=0;i<2;i++)
{
    printf("input user and password\n");
    scanf("%d %d",&userlogin[i]. level,&userlogin[i]. password);
    if(userlogin[i]. level==1)
        scanf("%d",&userlogin[i]. user. userid);
    else
        scanf("%s",userlogin[i]. user. username);
}
printf("level\t password userid/username\n");
```

```
        for(i=0;i<2;i++)
        {
            printf("%d\t %3d", userlogin[i]. level, userlogin[i]. password);
            if(userlogin[i]. level==1)
                printf("%3d\n", userlogin[i]. user. userid);
            else
                printf("%s\n", userlogin[i]. user. username);
        }
    }
```

本例程序用一个结构数组 userlogin 来存放登录用户数据,该结构共有三个成员。其中成员项 user 是一个联合类型,这个联合又由两个成员组成,一个为整型量 userid,一个为字符数组 username。在程序的第一个 for 语句中,输入人员的各项数据,先输入结构的前两个成员 level 和 password,然后判别 level 成员项,如果为 1 则对联合 user. userid 输入(用户级别为 1 则使用 id 登录),否则对 user. username 输入(使用用户名登录)。

在用 scanf 语句输入时要注意,凡为数组类型的成员,无论是结构成员还是联合成员,在该项前不能再加"&"运算符。userlogin[i]. user. username 是数组类型,因此在这项前面不能加"&"运算符。程序中的第二个 for 语句用于输出各成员项的值。

9.2.4　联合类型数据的特点

1. 在联合变量的同一段内存中存放几种不同类型的成员,但在任何一个时刻,只能存放其中的一个成员,而不是同时存放几种。也就是说,每一时刻只有一个成员起作用,其他的成员不起作用,即成员不是同时都存在和起作用的。

2. 联合变量中起作用的成员是最后一次存放的成员。因此,在存放一个新的成员后原有的成员将失去作用。如有以下的赋值语句:"a. i=2;a. c=4;a. f=7;"当我们完成了以上三个赋值运算以后,只有 a. f 是有效的。也就是说 a. i 和 a. c 是无效的。这是因为最后一次的赋值是向 a. f 赋值。因此在引用联合体变量时应该注意当前存放在联合体变量中的究竟是哪一个成员。

3. 由于联合变量所有成员共用同一内存,所以联合变量的地址和它的所有成员的地址是完全相同的。例如:&a、&a. i、&a. c、&a. f 它们的地址是同一个值。

4. 不能对联合变量名赋值,也不能通过引用变量名来得到一个值,也不能定义联合体变量的时候对它进行初始化。例如下面的这些都是不对的:

```
union
{
    int   i;
    char  ch;
    float  f;
}a={2};                              /* 可以初始化,但{}中只能有一个值 */
a=2;                                 /* 不能对联合体变量赋值 */
m=a;                                 /* 不能引用联合体变量来得到一个值 */
```

5. 联合变量可以出现在结构类型中,结构变量也可以出现在联合类型中。

第10章　指　针

指针是 C 语言中广泛使用的一种数据类型。利用指针可以构造各种复杂的数据结构；能很方便地使用数组和字符串；并能像汇编语言一样处理内存地址，从而编出精练而高效的程序。

10.1　指针概念

10.1.1　数据在存储器中的存放

在计算机中，数据一般都是存放在存储器中的。存储器中的一个字节被称为一个内存单元，不同类型的数据所占用的内存单元数不等，例如整型量占 2 个单元，字符量占 1 个单元等（在第二章中已有详细的介绍）。计算机为每个内存单元编上号，根据一个内存单元的编号即可准确地找到该内存单元，内存单元的编号也叫做地址。

10.1.2　指针变量

指针变量的定义形式为：

类型名　　*变量名；

例如：int　　*x;

这里定义了一个指针变量 x。指针变量也是变量，但不同于其他变量，指针变量的值只能是地址。如果一个指针变量存放了某个变量的地址则往往形象地称该指针指向这个变量。

在指针变量的定义中，类型名规定了指针所指向的变量的数据类型。类型名 int，规定了指针 x 所指向的变量的数据类型为整型。

10.1.3　指针变量赋值和引用

【例10.1】　编一个程序说明指针变量的使用。

```
#include ⟨stdio.h⟩
main( )
{   int a,b, * p1, * p2;
    a=100;
    b=10;
    p1=&a;
    p2=&b;
    printf("%d,%d\n",a,b);
    printf("%d,%d\n", * p1, * p2);
}
```

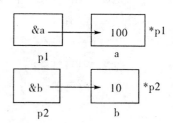

图 10-1　指针变量的赋值

　　"&"是地址运算符,"&a"即变量 a 的地址。语句"p1＝&a;"将变量 a 的地址赋予给了指针变量 p1,称指针 p1 指向变量 a,变量 a 是指针 p1 指向的对象,如图 10－1 所示。

　　在语句"printf("%d,%d\n", * p1, * p2);"中," * "是指针运算符," * p1"为指针 p1 所指向的对象,即 a。

　　运行结果为:100,10

　　　　　　　　100,10

　　【例10.2】　从键盘上输入两个整数并分别存入 a 和 b 当中,要求将 a 和 b 当中的值互换,并显示出来。

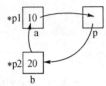

```
#include "stdio. h"
main( )
{   int a,b,p;
    int * p1, * p2;
    scanf("%d%d",&a,&b);
    p1＝&a;
    p2＝&b;
    p＝ * p1;
     * p1＝ * p2;
     * p2＝p;
    printf("%d,%d", * p1, * p2);
    printf("%d,%d",a,b);}
```

图 10-2　指针变量 p1、p2 所指向的变量 a、b 的值进行交换

运行结果为:

20 10↙

10,20

10,20

执行过程如图 10-2 所示。

10.1.4　指针变量作为函数参数

　　【例10.3】　从键盘上输入两个整数并分别存入 a 和 b 当中,把 a 和 b 当中的值互换,并显示出来,用函数调用的方法实现。

```
#include "stdio. h"          执行过程分析(设 a←10, b←20)
swap(int  * p1,int  * p2)
{   int p;
    p＝*p1;
    *p1＝*p2 ;
    *p2＝p;
}
main( )
{   int a, b;
    int *x1, *x2;
```

```
    scanf("%d,%d",&a, &b);
    x1=&a;
    x2=&b;
    swap(x1, x2);
    printf("%d,%d \n",a, b);}
```

运行结果为:

10,20↙

20,10

执行过程如图 10-3 所示。

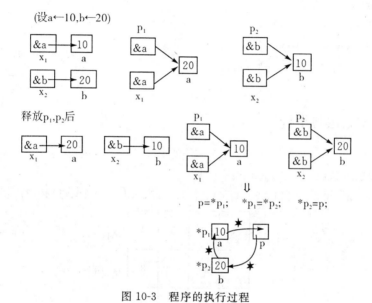

图 10-3　程序的执行过程

10.2　数组与指针

在第 7 章曾讨论过怎样运用下标引用数组元素,本节将利用指针来访问数组元素。

10.2.1　一维数组与指针

在 C 语言中,数组名可代表数组的首地址,即数组第 0 号元素的地址。

例如:int a[10];

数组名 a 可代表该数组的首地址,a 即是 &a[0]。

以下将讨论怎样运用指针来引用数组元素。首先要明确指针与数组之间所存在的一种密切关系,就是如果指针 p 指向数组的某一个元素,那么 p+1 将指向他的下一个元素。

例如:int a[10];

　　　int *p;

　　　p=a;

指针 p 指向了数组 a 的第 0 个元素,则 p+1 将指向 a[1],…,p+i 将指向 a[i]。

【例10.4】　从键盘为一个整型数组 a 的 10 个元素输入数值,求出其中最大值并显示出来。

```
#include "stdio. h"
main( )
{   int a[10];
    int i,max;
    int * p;p＝a;
    for(i=0;i＜10;i＋＋)
    scanf("%d",p+i);
    max＝ * p;
    for(i=1;i＜10;i＋＋)
    if( * (p+i)＞max)
      max＝ * (p+i);
    printf("max＝%d\n",max);
}
```

10.2.2　二维数组与指针

1. 二维数组

设有整型二维数组 a[3][4]如下:

static int a[3][4]＝{{1, 2, 3, 4}, { 5, 6,7, 8}, {9, 10, 11, 12}};

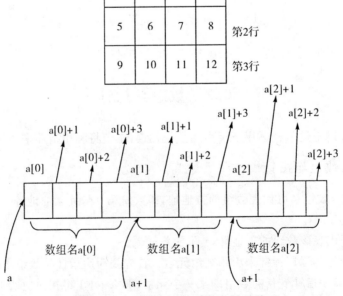

图 10-4　二维数组和一维数组的联系

C 语言允许把一个二维数组分解为多个一维数组来处理。因此数组 a 可分解为三个一维数组,即 a[0],a[1],a[2]。例如 a[0]数组,含有 a[0][0],a[0][1],a[0][2],a[0][3]四个元素。数组及数组元素的地址表示如下:a 是二维数组名,也是二维数组 0 行的首地址。

a[0]是第一个一维数组的数组名和首地址。＊(a＋0)或＊a 是与 a[0]等效的,它表示一维数组 a[0] 第 0 号元素的首地址。同理,可得出:a＋i,a[i], ＊(a＋i),&a[i][0]是等同的。此外,&a[i]和 a[i]也是等同的。二组数组和一维数组的联系如图 10-4 所示。

　　a[0]也可以看成是 a[0]＋0 是一维数组 a[0]的 0 号元素的首地址,而 a[0]＋1 则是 a[0]的 1 号元素首地址,由此可得出 a[i]＋j 则是一维数组 a[i]的 j 号元素首地址,它等于 &a[i][j]。由 a[i]＝＊(a＋i)得出 a[i]＋j＝＊(a＋i)＋j,由于＊(a＋i)＋j 是二维数组 a 的 i 行 j 列元素的首地址,该元素的值等于＊(＊(a＋i)＋j)。

　　【例10.5】　设有一 3×4 的二维数组,将二维数组的地址量输出来。

```
＃define PF "%d,%d,%d,%d,%d\n"
main()
{
    static int a[3][4]={ 1,2,3,4,5,6,7,8,9,10,11,12};
    printf(PF,a, * a,a[0],&a[0],&a[0][0]);
    printf(PF,a+1,*(a+1),a[1],&a[1],&a[1][0]);
    printf(PF,a+2,*(a+2),a[2],&a[2],&a[2][0]);
    printf("%d,%d\n",a[1]+1,*(a+1)+1);
    printf("%d,%d\n", *(a[1]+1), * ( *(a+1)+1));
}
```

2.二维数组的指针

(1)指向数组元素

当用一个指针变量指向第 0 行的首地址后,即可搜索到全部元素。

【例10.6】　设有一 3×4 的二维数组,利用指针逐行逐个输出元素。

```
main ( )
{    static int a[3][4]={1, 2, 3, 4, 5, 6, 7, 8, 9, 10, 11, 12};
     int *p;
     for (p=a[0];p<a[0]+12;p++)
       { if ((p - a[0]) %4==0)  printf("\n");
         printf ("%4d",*p);
       }
}
```

(2)指向数组的每一行

【例10.7】　有 3 个学生,学 4 门课,试计算总平均分数,且输出第 n 个学生的成绩。

```
＃include ⟨stdio. h⟩
main ( )
{   void average( );
    void search ( );
    static float score[3][4]={{65, 67, 70, 60},{80,87,90,81}, {90,99,100,98}};
    average ( * score, 12);                   /＊求 12 个分数的平均分＊/
    search( score,2);                         /＊输出第 2 个学生成绩＊/
}
```

```
void average (p, n)
    float  * p;int n;
    {float * p_end;
    float sum=0, aver;
    p_end=p+n-1;
    for(;p<=p_end;p++)
        sum=sum+(* p);
    aver=sum/n;
    printf("average=%5.2f\n", aver);
}
void search (p, n)
float (* p) [4];int n;
{int i;
printf("the scores of No. %d are:\n", n);
for (i=0;i<4;i++)
    printf("%5.2f ", * (* (p+n)+i));
}
```

运行结果为：

```
    average=82.25
    the scores of No. 2 are:
    90.00  99.00  100.00  98.00
```

这里需要对函数 search(p,n)的形式参数 p 作一个说明。该形参 p 的声明如下：

```
    float (* p)[4];
```

表示 p 是一个指针,指向实型数据,* p 有 4 个元素,也就是说 p 是一个行指针,它指向的行包括 4 个元素。p+1 则指向数组的下一行。如果开始 p 指向数组的第 0 行,则 p+n 指向数组的第 n 行。* (p+n)+i 是 score[n][i]的地址,* (* (p+n)+i)是 score[n][i] 的值。

10.2.3　指针用作函数参数

前面已叙述过,当函数的实参、形参均为数组名时,实参数组首地址将传递(单向)给形参数组,使它们共享内存。

【例10.8】 编写函数,将数组各元素值取反。

```
#include "stdio. h"
main ( )
{   void invert( );
        int a[10], i;
    for (i=0;i<10;i++) scanf("%d", &a[i]);
    invert(a, 10);
    for (i=0;i<10;i++)
```

```
        printf("a[%d]=%d," ,i, a[i]);
    }
    void invert(x, n)
    int x[ ], n;
    {   int i;
            for (i=0;i<n;i++)
                x[i]=-x[i];
            return;
        }
```

分析参数传递情况：

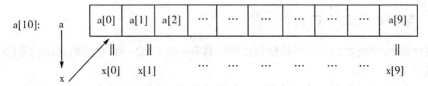

根据此分析,可用指针变量作为形参接收实参数组首地址。

函数改为：

```
    void invert (x, n)
        int *x, n;
        { int *i;
            for (i=x;i<(x+n);i++)*i= - *i
            return;
        }
```

参数传递情况：

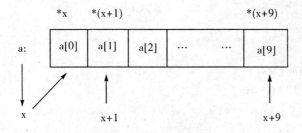

10.3 字符指针

10.3.1 字符指针的定义

一般定义形式： char *p;

表示 p 为指针变量,可指向一个字符串的首地址。

例如:char *p;

```
        p="I am a student!";
```

【例10.9】 定义一个指针变量指向一个字符串,并分别用"％s"和"％c"格式说明符将其显示出来。

```
#include "stdio. h"
{char * p="This is a string";
int i;
printf("%s\n",p);
for(i=0;p[i]='\0';i++)
printf("%c",p[i]);
}
```

运行结果为:This is a string

　　　　　　 This is a string

10.3.2　字符数组与字符指针

前面介绍中,字符数组与字符指针在使用中具有一定的统一性,但它们之间仍有以下区别:

1.赋值方式不同。

字符数组只能对元素一个一个赋值,不可将整个串赋给数组名,

　　即:char p[15];

　　　　　　 p ="Happy birthday!";/＊这种赋值是不允许的＊/

若用指针变量,即可将整个字符串赋值:

　　　　　　　　　　char *p;

　　　　　　　　　　p="Good Morning!";

2.定义数组后,系统给它分配一段内存单元。具有确定的内存地址,但指针变量定义后,若未对它赋地址,则它并不指向任何单元。

如果:char *p;

　　...

　　scanf("%s", p);　　　　　　 /＊不允许＊/

　　char a[100];

　　...

　　scanf("%s", a);　　　　　　 /＊允许＊/

应改为:char a[100],*p;

　　p=&a[0];或 p=a;

　　scanf("%s", p);

3.指针变量的值可以改变,而数组名(首地址)是不可改变的,即:在程序中不可直接对数组名赋值。

10.4　结构指针

一个指向结构体的指针称之为结构指针。

10.4.1　结构体

引用结构体中的成员有三种方法:

(1)结构体变量名. 成员名；

(2)(*p). 成员名,p 为结构指针；

(3)p →成员名,p 为结构指针。

【例10. 10】　编一程序,利用结构指针处理结构体中的成员。

```
#include "stdio. h"
struct time
{ int hour;
  int minute;
  int second;};
main( )
{
struct time  * tp;
scanf("%d%d%d",&tp→hour, &tp→minute,&tp→second);
printf("%d,%d,%d",tp→hour, tp→minute,tp→second);
}
```

C 语言中结构的成员可以是指针类型。

【例10. 11】　编一程序,用于处理包含指针的结构体。

```
#include "stdio. h"
  struct entry
  { int data;
    int  * ip;
  };
main( )
  { int i;
  struct entry v;
  v. ip=&i;
  v. data=100;
  * v. ip=50;
  printf("v. data=%d\n",v. data);
  printf(" * v. ip=%d\n", * v. ip);
  printf("i=%d\n",i);
  }
```

10. 4. 2　链表

1. 什么是链表?

链表一种常用的数据结构,如图 10-5 所示。这种结构在执行过程中是动态可变的。
C 语言允许结构的成员可以是指向本结构类型的指针。在链表中每一个结点是一个结构
体,且这些结构体中都包含一个结构指针,这个指针指向它的下一个结点。链表的最后一个
结点的结构指针指向 null。

图 10-5　链表的结构示意图

Head：称为表头，仅存放了一个地址，即第一个结点的地址。

| 数据 |
| 指针 |

数据块，又称为链表的结点，由两部分组成，分别是数据和指针。

链表中结点的结构类型定义如下：

```
struct node
{ int data;
    struct node * next;
};
```

该结构类型包括两个成员：一个是整型量 date，它属于链表节点的数据部分，用户根据需要来定义；另一个是结构指针 next。

2. 建立链表。

【例10.12】　建立一个具有 10 个结点的链表。

```
#include "stdio. h"
struct node
{ int data;
    struct node * next;
};
struct node nd[10];
int a[ ]={1,3,5,7,9,11,13,15,17,19};
main( )
{ int i;
    struct node * head, * p;
    head=&nd[0];
    nd[0]. data=a[0];
    p=head;
    for(i=1;i<10;i++)                /*建立一个链表*/
{ nd[i]. date=a[i];
        p→next=&nd[i];
        p=p→next;
    }
p→next=null;
p=head;
while(p! =null)                /*显示链表中的数据*/
{printf("%d",p→data);
 p=p→next;}
```

10.5　函数指针

10.5.1　运用函数指针变量调用函数

1. 函数指针的定义

一般定义形式:类型标识符　(*变量名)( )

例如:int　(*p)( );

表示 p 为一个函数指针变量,它指向一个函数的入口,该函数的返回值为 int 型。

2. 给函数指针变量赋值

　　　　　　函数指针变量＝函数名;

　　将函数入口地址赋给函数指针变量。

3. 通过函数指针变量调用函数的方法

　　　　　　(*函数指针变量名)(实参表列)

【例10.13】　求 a、b 中最大者函数。

```
#include <stdio. h>
int max(x, y)
int x, y;
{ int z;
    z=z(x>y)? x:y;
    return(z);
}
main ( )
{ int max( );
  int (*p)( );
  int a, b, c;
  p=max;
  scanf("a=%d, b=%d", &a,&b);
  c=(*p) (a, b)
  printf("max value=%d", c)
```

10.5.2　函数指针变量作为函数参数

【例10.14】　运用函数指针,求两个数中最大,最小数以及两数之和。

```
#include <stdio. h>
main ( )
{int max( ), min( ), add( );
int a, b;
printf("enter a and b:");
scanf("%d, %d", &a, &b);
```

```
    printf("max=");
    process(a, b, max);
    printf("min=")
    process(a, b, min);
    printf("sum=");
    process(a, b, add);
    }
max(x, y)
int x, y;
{int z;
if (x>y) z=x;
else z=y;
return(z);
}
min(x, y)
int x, y;
{int z;
if (x<y) z=x;
else z=y;
return(z);
}
add(x, y)
int x, y;
{int z;
z=x+y;
return(z);
}
process (x, y, fun)
int x, y;
int ( * fun) ( );
{int result;
result=( * fun) (x,y);
printf("%d\n", result);
}
```

运行结果为:

```
enter a and b:2, 6↙
max=6
min=2
sum=8
```

10.6　指针函数

函数返回值可以是整型、实型数据,也可以是指针。

指针函数定义形式略有不同:

类型标识符　*函数名(形参表列)

【例10.15】　有若干个学生的成绩(每个学生有 4 门课程),要求在用户输入学生序号以后,能输出该学生的全部成绩。用指针函数来实现。

```
#include <stdio.h>
main ( )
{   static float score [ ] [4]={{60,70,80,90},{56,89,67, 88},{34, 78, 90, 66}};
float * search ( );
float * p;
int i, m;
printf("enter the number of student:");
scanf("%d", &m);
printf("The scores of No. %d are :\n", m);
p=search (score, m);
for (i=0;i<4;i++)
printf("%5.2f\t", * (p+i));
}
    float * search (pointer, n)        /*指针函数 search */
float ( * pointer) [4];
int n;
{float * pt;
pt= * (pointer+n);
return (pt);
}
```

运行结果为:

```
enter the number of student:1↙
The scores of No. 1 are:
56.00  89.00  67.00  88.00
```

10.7　指针数组和指向指针的指针

10.7.1　指针数组

一般定义形式:

类型说明符　*数组名[常量]

例如：int　*p[10];

p 为指针数组,其每一个元素都是指针。

【例10.16】 将若干字符串按字母顺序输出。

```
#include〈stdio. h〉
#include〈string. h〉
main ( )
{void sort ( );
void print ( );
static char * name[ ]={"Follow me", "BASIC", "Great Wall", "FORTRAN",
"Computer design"};
nt n=5;
sort (name, n);
print(name, n);
}
void sort (name, n)
har * name [ ];int n;
{char * temp;
int i, j, k;
for (i=0;i<n-1;i++)
{k=i;
for (j=i+1;j<n;j++)
if (strcmp (name [k], name[j])>0       k=j;
if (k !=i)
temp=name[i], name[i]=name[k];name[k]=temp;}
}
}
void print (name, n)
char * name[ ];int n;
{int i;
for (i=0;i<n;i++)
printf ("%s\n", name[i]);
}
```

运行结果为:

```
BASIC
Computer design
FORTRAN
Follow me
Great Wall
```

10.7.2 指向指针的指针

一般形式：int　**pp；

【例10.17】 将若干字符串输出。

```
#include <stdio.h>
main( )
{ static char * name [ ] = { "Follow me", "BASIC", "Great Wall",
"FORTRAN", "Computer design"};
char * *p;
int i;
for (i=0;i<5;i++)
    {p=name+i;
    printf ("%s\n", * p);}
}
```

运行结果为：

```
Follow me
BASIC
Great Wall
FORTRAN
Computer design
```

第11章 文 件

我们对文件已经不陌生了,在前面的学习中就已经接触到了文件。例如,C 语言源程序就存储在扩展名为".c"的文件中,这些文件被保存在磁盘上,需要时再从磁盘调入到计算机内存。

本章学习如何编写程序把数据写入文件和读取文件中的数据,同时介绍文件操作的常用函数。

11.1 文件概述

所谓"文件"是指一组相关数据的有序集合。这个数据集有一个名称,叫做文件名。实际上在前面的各章中我们已经多次使用了文件,例如源程序文件、目标文件、可执行文件、库文件(头文件)等。

文件还可以指存储在外部存储介质(磁盘)上的一组相关信息的集合。

根据文件的内容,文件可分为程序文件和数据文件。程序文件的内容为程序代码的集合,例如 C 语言源程序。数据文件的内容为程序执行所需的应用数据或程序运行的结果的集合。

根据不同的存储介质,文件又可分为磁盘文件和设备文件。磁盘文件是指保存在磁盘或其他外部存储介质上的数据集合,例如存放在硬盘或软盘上的 C 语言源文件、目标文件和可执行文件都可称为磁盘文件。设备文件指的是与主机相连的各种外部设备,例如键盘、显示器、打印机等。C 语言把外部设备看作一个文件来管理,通常把键盘指定为标准的输入文件,显示器指定为标准的输出设备。

无论文件是什么类型,在内存里的组织形式只有两种:文本文件和二进制文件。文本文件将每个字符采用 ASCII 码存储,每个字符占用一个字节。若用文本的方式存储数值 1123 则会当成 4 个字符来保存,如图 11-1 所示。

49	49	50	51
1	1	2	3

图 11-1　文本文件的存储

二进制文件则将数据以二进制的格式存储,当用二进制格式存储数值 1123 时,将以 1123 的二进制值 0000010001100011 存储,只占用 2 个字节。如图 11-2 所示。显然,在存储数据相同的情况下,二进制格式的文件比文本文件要小,特别是数据存储量较大的图形文件、声音文件、影像文件等都是以二进制格式来存取。

0000010001100011

1123

图 11-2　二进制文件的存储

二进制文件虽然也可在屏幕上显示，但其内容无法读懂。C 语言系统在处理这些文件时，并不区分类型，都看成是字符流，按字节进行处理。输入输出字符流的开始和结束只由程序控制而不受物理符号（例如回车符）的控制。因此也把这种文件称作"流式文件"。

11.2　文件系统

在 C 语言中对文件的输入输出是通过文件系统完成的，它把文件看成字符流或者是二进制流，按字节进行处理。输入输出的流式控制由程序来决定它的开始和结束，而不受物理符号（回车换行符）的控制。这种类型的文件也称为"流式文件"。

文件系统又可分为缓冲文件系统和非缓冲文件系统。缓冲区是指在程序执行过程中内存空间里开辟的一个专门用于存放临时数据的区域。缓冲文件系统是指系统自动地在内存区为每一个正在使用的文件开辟缓冲区，数据的输入输出都以该缓冲区为中介。非缓冲文件系统是指系统不自动开辟确定的缓冲区，而由程序为每个文件设定缓冲区。标准 C 语言采用缓冲文件系统。

在处理文件时，通常有以下操作步骤：

1. 打开文件，将要新建或修改的文件打开。

2. 更新文件内容，将新数据写入到文件中。

3. 关闭文件，文件使用完毕，要将文件关闭才能确保数据全部写入文件。

在 C 语言中一次可以同时打开 20 个文件，打开及关闭文件虽然比较简单，但却是必不可少的。否则编译器不知道使用的文件是哪一个。在处理文件时，要养成良好的习惯，当使用完文件后，要及时关闭。

11.3　文件指针

C 语言使用缓冲文件系统。该系统会为每个文件在内存中开辟一个缓冲区，用来存放诸如文件描述、与该文件对应的内存缓冲区地址、大小及状态、文件操作方式等相关信息。这些信息是保存在一个结构体类型的变量中的。该结构体类型是由系统在 stdio.h 头文件中定义的，取名为 FILE，我们称之为文件类型。它的完整定义如下：

```
typedef   struct
{
short              level;              /* 缓冲区满/空标识 */
unsigned           flags;              /* 文件状态标志 */
char               fd;                 /* 文件描述符 */
unsigned char      hold;               /* 如无缓冲区不读取字符 */
short              bsize;              /* 缓冲区大小 */
unsigned char      * buffer;           /* 数据传输缓冲区 */
unsigned char      * curp;             /* 当前激活指针 */
unsigned           istemp;             /* 临时文件指示器 */
short              token;              /* 用于合法性校合 */
```

```
}FILE;
```

只要程序用到一个文件（无论打开或新建），系统就应为此文件开辟一个如上的结构体类型（即文件类型）变量。有几个文件就应开辟几个这样的结构体类型（即文件类型）变量，分别用来存放各个文件的有关信息。这些结构体类型（即文件类型）变量不用普通变量名来标识，而通过指向结构体类型（即文件类型）的指针来标识和访问，这就是"文件指针"。

例如：

```
FILE  * fp1, * fp2, * fp3,;
```

定义了三个文件指针，但此时它们还未具体指向哪一个结构体。实际引用时将保存有文件信息的结构体的首地址（在打开或新建一个文件的时候开辟的结构体变量）赋给某个文件指针，就可通过这个文件指针变量找到与它相关的文件。如果有 n 个文件，一般应设 n 个文件指针，使它们分别指向 n 个文件（确切地说，指向该文件的信息结构体），以实现对文件的访问。

11.4 缓冲文件系统

1. 打开文件函数 fopen

一般格式：

FILE * 指针变量名；

其中 FILE 为 stdio. h 已定义的结构类型。对于普通用户无须了解 FILE 类型的结构内容，只要学会使用它进行文件指针变量的定义就足够了。例如定义指针变量如下：

FILE * fptr；

定义后，指针变量 fptr 是一个可以指向文件的指针，通常用 fopen( )函数打开文件使其指向有缓冲区的待处理文件，其格式如下：

FILE * fopen(const char * filename, const char * accsee_mode)；

其中 filename 为要打开的文件名，accsee_mode 为文件存取的模式，文件存取模式如表 11-1 所示。

表 11-1 有缓冲区文件存取的模式

存取模式	代码	说　　明
读取数据	r	打开一个文本文件，只允许读数据
写入数据	w	打开或建立一个文本文件，只允许写数据
附加于文件之后	a	打开一个文本文件，并在文件末尾增加数据
写入旧文件	r+	打开一个文本文件，允许读和写
新文件读写	w+	建立一个文本文件，允许读和写
读取与附加	a+	打开一个文本文件，允许读或在文件末尾追加数据
二进制文件的读取	rb	打开一个二进制文件，只允许读数据
二进制文件的写入	wb	打开或建立一个二进制文件，只允许写数据
二进制文件的附加	ab	打开一个可以附加数据的二进制文件

对于文件使用方式有以下几点说明：

（1）文件使用方式字符的含意。

r（read）　　　　读

w（write）　　　写

a（append）　　添加

t（text）　　　　文本文件，可省略不写

b（binary）　　二进制文件

＋　　　　　　　读和写

（2）用"r"方式打开的文件必须是已经存在的文件，否则出错；并且该文件打开后只能用于向计算机输入而不能用作向该文件输出数据；刚打开时，该文件的读写位置指针自动移到文件开头。

（3）用"w"方式打开的文件只能用于向该文件写数据，而不能用来向计算机输入。如果原来不存在该文件，则在打开时新建立一个以指定名字命名的文件；如果原来已存在一个以该文件名命名的文件，则在打开时将该文件删去，然后重新建立一个新文件。刚打开时，该文件的读写位置指针自动移到文件开头。

（4）如果希望向文件末尾添加新的数据（不希望删除原有数据），则应该用"a"方式打开。但此时该文件必须已存在，否则将得到出错信息。刚打开时，该文件的位置指针自动移到文件末尾。

（5）用"r＋"、"w＋"、"a＋"方式打开的文件可以用来输入和输出数据。用"r＋"方式时该文件已经存在，以便能向计算机输入数据。用"w＋"方式则新建立一个文件，先向此文件写数据，然后可以读此文件中的数据。用"a＋"方式打开的文件，原来的文件不被删去，位置指针移到文件末尾，可以添加也可以读。

（6）如果不能实现"打开"的任务，fopen 函数将会带回一个出错信息。此时 fopen 函数将带回一个空指针值 NULL（NULL 在 stdio. h 文件中已被定义 0）。因此常用下面方法打开一个文件：

```
    if  ((fp＝fopen("file1","r"))＝＝NULL)
{   printf("cannot open this file\n");
    exit (1);
}
```

即先检查打开有否出错，如果有错就在终端上输出"cannot open this file"。exit()函数的作用是关闭所有文件，终止正调用的过程，使程序返回操作系统。exit(0)使程序向操作系统返回 0，表示正常退出；exit(1)使程序向操作系统返回 1，表示出错。

（7）对于文本文件，向计算机输入时，将回车换行符转换为一个换行符，在输出时把换行符转换成回车和换行两个字符。而对于二进制文件不进行这种转换，在内存中的数据形式与输出到外部文件中的数据形式完全一致，一一对应。

应注意的是：在程序开始运行时，系统会自动打开三个标准文件：标准输入、标准输出、标准出错输出，这三个文件分别与相应的终端联系，因此，以前我们所用到的从终端输入或输出到终端都不需要打开终端文件。系统另外还自动定义了三个文件指针 stdin、stdout 和 stderr，分别指向终端输入、终端输出和标准出错输出（也从终端输出）。如果程序中指定要

从 stdin 所指的文件输入数据,就是指从终端键盘输入数据;要输出数据到 stdout 所指的文件,即是指输出到显示器终端。

以前我们接触的 getchar 函数用于从键盘输入一个字符,putchar 函数用于向显示器输出一个字符,它们使用的即是系统已经定义了的文件指针 stdin 或 stdout。

若 fopen( )函数打开文件失败,则返回 NULL,否则将返回一个指向该文件的指针结构,该结构包含了该文件目前的大小、数据缓冲区的地址、缓冲区的大小等信息。例如:

```
FILE    * fptr;
fptr＝fopen("aa. txt","r");
```

【例11.1】 将 1 到 100 顺序地写到 C 盘根目录下一个名为 egfile. dat 的文本文件中。

```
#include<stdio. h>
#include<stdlib. h>
main( )
{
 int i;
 FILE    * fp;                          /＊定义文件类型指针变量 fp＊/
 if ((fp＝fopen("c:\\egfile. dat","w"))＝＝NULL)
   {
   printf ("can not use this file. \n");        /＊当文件不能正确打开时显示 ＊/
   exit (0);                                     /＊退出 ＊/
   }
 for(i=1;i<＝100;i++)   fprintf(fp,"%4d\n", i);
                      /＊将 1 到 100 按%4d 格式写到 fp 所指定的文件中＊/
 printf("Finished! \n");
 fclose(fp);
                                      /＊关闭 fp 所指的文件 ＊/

}
```

【例11.2】 打开上例建立的存放数据的文件 c:\egfile. dat,将文件中保存的数据依次读出,要求按每行 10 个数的格式显示在屏幕上。

```
#include<stdio. h>
#include<stdlib. h>
main( )
{ int n, k＝0;                               /＊k 为打印计数器 ＊/
  FILE * fp;                                /＊ 定义文件类型指针变量 fp ＊/
  if ((fp＝fopen("c:\\egfile. dat","r"))＝＝NULL)
                                  /＊只读模式打开文件 egfile. dat ＊/
   {
   printf ("can not use this file. \n");        /＊当文件不能正确打开时显示 ＊/
   exit (0);
   }
```

```
        while(fscanf(fp,"%4d",&n)!=EOF)
```
／* fscanf( )的作用是把从文件中读出的数据存入变量 n,如果文件已读完返回
EOF 值 */
```
            {
            k++;
            printf("%6d", n);
            if(k%10==0)   printf ("\n");                    /* 控制屏幕一行显示 10 个数 */
            }
        printf ("\n");
        fclose ( fp );                                      /* 关闭 fp 所指的文件 */
    }
```
上例中,可能出现文件不能打开的情况,例如读盘错误、磁盘(特别是软盘)已满没有空间建立新文件或用"r"方式打开一个并不存在的文件,因此建议采用以下格式来打开文件:
```
    FILE * fp;
    …
    if ((fp=fopen(文件名, 打开方式))==NULL)
        {
        printf ("can not use this file. \n");
        exit (0);
        }
```
2. 关闭文件函数 fclose

其函数原型为:

$$\text{int fclose(FILE } * \text{fp)}$$

它将关闭 fp 所指向的文件。当文件被关闭时,将释放文件结构变量 fp。若文件正常关闭,则返回值 0;否则,返回值 EOF。

11.5　文本文件的顺序读写

1. 字符输入函数

一般格式:
```
int  fgetc(FILE    * fp)
int  getc(FILE     * fp)
```
这两个函数都是从 fp 所指定的文件中读取一个字符。正常返回时,函数将返回所读取的字符,否则返回 EOF;读到文件结束符(˜z)时,也返回 EOF,EOF 在 stdio. h 中定义为−1。

【例11.3】　读入文件 e10_1. c,在屏幕上输出。
```
#include〈stdio. h〉
#include〈stdlib. h〉
main()
{
```

```
FILE * fp;
char ch;
if((fp=fopen("e10_1. c","rt"))==NULL)
  {
  printf("Cannot open file strike any key exit!");
  getch();
  exit(1);
  }
ch=fgetc(fp);
while (ch! =EOF)
  {
  putchar(ch);
  ch=fgetc(fp);
  }
fclose(fp);
}
```

本例程序的功能是从文件中逐个读取字符,在屏幕上显示。程序定义了文件指针 fp,以读文本文件方式打开文件"e10_1. c",并使 fp 指向该文件。如果打开文件出错,给出提示并退出程序。程序第 12 行先读出一个字符,然后进入循环,只要读出的字符不是文件结束标志(每个文件末有一结束标志 EOF)就把该字符显示在屏幕上,再读入下一字符。每读一次,文件内部的位置指针向后移动一个字符,文件结束时,该指针指向 EOF。执行本程序将显示整个文件。

2.字符输出函数

一般格式:

```
int  fputc(char  ch,FILE * fp)
int  putc(char  ch,FILE * fp)
```

这两个函数都是把字符 ch 写入到 fp 所指定的文件中。其中 ch 为整型(或字符型)变量(或常量),它包含了一个要输出的字符。如果写字符成功函数则返回该字符的 ASCII 值,否则返回 EOF。

【例11.4】 从键盘输入字符,将这些字符逐个写入到指定的文本文件中,直到输入"#"结束。

```
#include〈stdio. h〉
#include〈stdlib. h〉
main( )
{  FILE  * fp;
  char  ch,  filename[10];
  scanf("%s", filename);                    /* 键入文件名 */
  if ((fp=fopen(filename,"w"))==NULL)        /* 以写方式打开文件 */
    {
```

```
        printf("Can  not  create  the  file. \n");
        exit(0);
        }
    ch=getchar( );    /* 该函数用于接收结束 scanf 语句时的最后输入的回车符 */
    ch=getchar( );                              /* 输入第一个字符 */
    while(ch! ='#')
        {
        fputc(ch,fp);                           /* 把变量 ch 写入到文件 */
        putchar(ch);                            /* 屏幕显示 ch 的值 */
        ch=getchar( );                          /* 继续输入下一个字符 */
        }
    fclose(fp);                                 /* 关闭文件 */
    }
```

运行时先输入文件名,然后输入字符系列:

aa. dat ↙

This is an example of input file . # ↙

【例11. 5】 把命令行参数中的前一个文件名标识的文件,复制到后一个文件名标识的文件中,如果命令行中只有一个文件名,则把该文件写到标准输出文件(显示器)中。

```
#include〈stdio. h〉
#include〈stdlib. h〉
main(int argc,char * argv[])
{
    FILE * fp1, * fp2;
    char ch;if(argc==1)
     {
       printf("have not enter file name strike any key exit");
       getch();
       exit(0);
     }
    if((fp1=fopen(argv[1],"rt"))==NULL)
     {
       printf("Cannot open %s\n",argv[1]);
       getch();
       exit(1);
     }
    if(argc==2) fp2=stdout;
    else if((fp2=fopen(argv[2],"wt+"))==NULL)
        {
            printf("Cannot open %s\n",argv[1]);
```

```
                getch();
                exit(1);
            }
        while((ch=fgetc(fp1))!=EOF)
        fputc(ch,fp2);
        fclose(fp1);
        fclose(fp2);
    }
```

本程序为带参的 main 函数。程序中定义了两个文件指针 fp1 和 fp2,分别指向命令行参数中给出的文件。如果命令行参数中没有给出文件名,则给出提示信息。程序第 18 行表示如果只给出一个文件名,则使 fp2 指向标准输出文件(即显示器)。程序第 25 行至 28 行用循环语句逐个读出文件 1 中的字符再送到文件 2 中。再次运行时,给出了一个文件名(由例 10.2 所建立的文件),故输出给标准输出文件 stdout,即在显示器上显示文件内容。第三次运行,给出了二个文件名,因此把 string 中的内容读出,写入到 OK 之中。可用 DOS 命令 type 显示 OK 的内容:字符串读写函数 fgets 和 fputs。

3.字符串输入函数

一般格式:

$$char \quad * fgets(char * str,int n,FILE * fp)$$

其中,str 为读取到的字符串的地址,可以是指针,也可以是数组。n 为限定读取的字符个数;fp 为指定读取的文件。该函数从指定文件读取一个字符串,从 fp 所指向的文件的当前读写位置开始,最多读出 n−1 个字符(包括换行符),同时将字符串结束标志'\0'也复制到字符数组 str 中去,正常返回值为 str 的首地址。当读到文件末尾或出错时,返回 NULL。

函数 fgets()读取字符串时,遇到以下情况的任何一种,该字符串将结束:

(1)已读取 n−1 个字符;

(2)读取到换行符;

(3)读到文件末尾。

【例11.6】 编制一个将文本文件中全部信息显示到屏幕上的程序。实际上它相当于 DOS 系统中的 type 命令。

```
    #include "stdio. h"
    #include "stdlib. h"
    int main(int argc, char *  argv[ ])
    { FILE  * fp;
    char string[81];
    if (argc!=2 ‖ (fp=fopen(argv[1],"r"))==NULL)
    { printf("can't open file");
    exit (1);
    }
    while (fgets(string,81,fp)!=NULL)
        printf("%s",string);
```

```
      fclose(fp);
   }
```

【例11.7】　从 e10_1.c 文件中读入一个含 10 个字符的字符串。

```
#include<stdio.h>
#include<stdlib.h>
main()
{
   FILE  * fp;
   char str[11];
   if((fp=fopen("e10_1.c","rt"))==NULL)
     {
        printf("Cannot open file strike any key exit!");
        getch();
        exit(1);
     }
   fgets(str,11,fp);
   printf("%s",str);
   fclose(fp);
}
```

本例定义了一个字符数组 str 共 11 个字节,在以读文本文件方式打开文件 e10_1.c 后,从中读出 10 个字符送入 str 数组,在数组最后一个单元内将加上'\0',然后在屏幕上显示输出 str 数组。

对 fgets 函数有两点说明:

(1)在读出 n−1 个字符之前,如果遇到了换行符或 EOF,则读出结束。

(2)fgets 函数也有返回值,其返回值是字符数组的首地址。

4. 字符串输出函数

一般形式:

$$int\quad fputs(char * str ,FILE * fp)$$

str 为指定输出的字符串,它可以是指针、数组名或字符串,fp 为指定的输出文件。该函数把 str 所指定的字符串写入到 fp 指定的文件中去,不包括字符串结束标志'\0'。该函数正常的返回值为所输出的字符串中最后一个字符的 ASCII 值,当向文件写入字符串不成功返回值为 EOF。

【例11.8】　从键盘输入若干行字符串写入文件 f1.dat 中,并输出显示。

```
#include<stdio.h>
#include<stdlib.h>     /* exit()函数包含在 stdlib.h 文件中定义 */
main( )
   {
   FILE  * fp;
   char s[50],ch;
   if((fp=fopen("f1.dat","w"))==NULL)
```

```
    {
    printf("Can not open this file. \n");
    exit(0);
    }
    while(gets(s)!=NULL)                    /* 使用 gets( )函数输入字符串 */
    {fputs(s,fp);
    fputc('\n',fp);
    }                                       /* 利用 puts( )函数将字符串写入 f1. dat */
    putchuar('\n');
    rewind(fp);                             /* 重定位指针函数 */
    while((ch=fgetc(fp))!=EOF) putchar(ch);
                                            /* 以字符的方式显示文件内容 */
    fclose(p);
    }
```

该程序运行时,用回车符结束一个字符串,用 Ctrl+Z 结束文件的输入。

5. 格式化输入函数

一般形式:

    int fscanf(FILE * fp,"输入格式描述串",输入项地址列表)

该函数按照"输入格式描述串"所指定的输入格式,从 fp 指定文件当前的读写位置开始读出数据,然后把它们按照地址列表的顺序存入指定的存储单元中。文件读入若干个数据后,文件读写位置将向后作相应移动,该函数的返回值为所输入的数据个数,当遇到文件结束符(Ctrl+Z)时,返回值为 EOF。

例如:用以下 fscanf 函数可以从磁盘文件上读入 ASCII 字符:

       fscanf (fp,"%d,%f",&a,&b);

磁盘文件上如果有以下字符:

            7,8.90

则将磁盘文件中的数据 7 送给变量 a,8.90 送给变量 b。

fscanf ( )函数与 scanf ( )函数在功能和使用格式上基本相同,不同之处在于它们的输入源:scanf ( )为标准的文件输入函数(通过键盘),fscanf ( )为 fp 所指定的文件输入,若 fp 为 stdin,则这两个函数的功能相同。

6. 格式化输出函数

一般形式:

    int fprintf (FILE * fp,"输出格式描述串",输出项列表)

该函数将输出项列表中的项按照指定的格式输出到 fp 所指的文件中。向文件输出若干个数据后,文件读写位置将移动到所写入的数据之后,该函数的返回值为所输入的数据个数,如果出错,则返回 EOF。

例如:

       fprintf (fp,"%d,%6.2f",a,b);

它的作用是将整型变量 a 和实型变量 b 的值按%d 和%6.2f 的格式输出到 fp 指向的

文件上。如果 a＝7,b＝8.9,则输出到磁盘文件上的是以下的字符串：

　　7,　8.90

　　fprintf（ ）函数与 printf（ ）函数的功能和格式基本相同,不同之处仅仅是输出的方向不同。printf（ ）函数向标准输出文件输出,fprintf（ ）函数向 fp 所指定的文件输出,若 fp 为 stdout,则这两个函数功能相同。

　　用 fprintf 和 fscanf 函数对磁盘文件进行读写,使用方便,容易理解,但由于在输入时要将 ASCII 码转换为二进制形式,在输出时又要将二进制形式转换成字符,花费时间比较多。因此,在内存与磁盘频繁交换数据的情况下,最好不用 fprintf 和 fscanf 函数,而用 fread 和 fwrite 函数。

11.6　二进制文件的顺序读写

　　1.数据块输入函数

　　一般格式：

　　int　fread(数据类型名　＊ buffer, unsigned size,unsigned number, FILE　＊ fp)

　　buffer 为指针变量,指出读入数据存放区域的首地址；size 为一次读入的字节数, number 为读的次数,fp 为二进制指定读取的文件。该函数从 fp 所指定的文件中以二进制形式读取数据块。正常的返回值为 number 的值,当遇到文件结束或发生错误时,返回值为 0。例如：

$$fread（s,2,10,fp）；$$

　　上述函数调用表示从 fp 所指定的文件中一次读取 2 个字节,共读取 10 次,读的结果输入缓冲区 s 中。

　　【例11.9】　从键盘输入两个学生数据,写入一个文件中,再读出这两个学生的数据显示在屏幕上。

```
♯include〈stdio. h〉
♯include〈stdlib. h〉
struct stu
  {
  char name[10];
  int num;
  int age;
  char addr[15];
  }boya[2],boyb[2], * pp, * qq;
main()
{
  FILE  * fp;
  char ch;
  int i;
  pp＝boya;
```

```
        qq＝boyb；
        if((fp＝fopen("stu_list","wb＋"))＝＝NULL)
        {
            printf("Cannot open file strike any key exit!");
            getch();
            exit(1);
        }
        printf("\ninput data\n");
        for(i＝0;i＜2;i＋＋,pp＋＋)
        scanf("%s%d%d%s",pp－>name,&pp－>num,&pp－>age,pp－>addr);
        pp＝boya；
        fwrite(pp,sizeof(struct stu),2,fp);
        rewind(fp);
        fread(qq,sizeof(struct stu),2,fp);
        printf("\n\nname\tnumber age addr\n");
        for(i＝0;i＜2;i＋＋,qq＋＋)
            printf("%s\t%5d%7d%s\n",qq－>name,qq－>num,qq－>age,qq－>addr);
        fclose(fp);
    }
```

本例程序定义了一个结构 stu,说明了两个结构数组 boya 和 boyb 以及两个结构指针变量 pp 和 qq。pp 指向 boya,qq 指向 boyb。程序第 16 行以读写方式打开二进制文件"stu_list",输入两个学生的数据之后,写入该文件中,然后把文件内部位置指针移到文件首,读出两个学生的数据后,在屏幕上显示。

2.数据块输出函数

一般格式：

int　fwrite(数据类型名　＊buffer, unsigned size,unsigned number, FILE　＊fp)

其参数定义和 fread 函数含义相同,fp 为指定输出文件。该函数将 buffer 缓冲区的数据以二进制的形式写入到 fp 所指定的文件中去。该函数正常的返回值为 number 的值,当文件输出结束或出错时,非正常返回值为 0。

【例11.10】 从磁盘文件 aa 中读取 10 个数,并存入数组 S 中。

```
＃include〈stdio. h〉
＃include〈stdlib. h〉
main( )
{
    FILE ＊fp；
    int i；
    if((fp＝fopen("aa","rb"))＝＝NULL)
    {
```

```
        printf("Can not open file aa!\n");
        exit(0);
    }
    if(fread(a,size(float),10,fp)==10)
        else   if (feof(fp)) printf("It was end of file");
        else   printf("File read error\n");
    for(i=0;i<10;i++) printf("a[%4d]%4f", i , a[ i ]);
    fclose(fp);
    }
```

3. 字输入函数

一般格式：

$$int \ getw(FILE * fp)$$

该函数的功能为从 fp 指定的文件中以二进制的形式读取一个字（整型值）。正常的返回值为所读取的二进制整数，如果文件结束或出错，则返回值为 EOF。

4. 字输出函数

一般格式：

$$int \ \ putw(int \ n, \ FILE * fp)$$

n 为要写到 fp 所指定文件中的整数。该函数以二进制形式将一个 int 型的数据写到 fp 所指定的文件中去。正常的返回值为输出的整数 n，非正常返回值为 EOF。

getw( )和 putw( )不是 ANSI C 标准定义的函数，但许多 C 编译系统都提供了这两个函数，例如在 TurboC 2.0 中就已有这两个函数的定义。

11.7　文件定位函数

当要求对文件进行随机读写时，要用到文件定位函数，C 语言中有三个定位函数：

1. 重返文件头函数

$$void \ \ rewind(FILE * fp)$$

该函数使文件的读写位置指针重新指向文件的开头。该函数没有返回值。

【例11.11】　有一个磁盘文件，第一次使它显示在屏幕上，第二次把它复制到另一文件上。

```
    # include"stdio. h"
    # include"stdlib. h"
    main ( )
    { FILE * fp1, * fp2;
    fp1=fopen ("file1. c","r");
    fp2=fopen ("file2. c","w");
    while (! feof (fp1))  putchar (getc (fp1));
    rewind (fp1);
    while (! feof (fp1)) putc (getc (fp1),fp2);
```

```
    fclose (fp1);
    fclose (fp2);
}
```

在第一次显示在屏幕上以后,文件 file1. c 的位置指针已指到文件末尾,feof 的值为非零(真)。执行 rewind 函数,使文件的位置指针重新定位于文件开头,并使 feof 函数的值恢复为 0(假)。

2.指针位置移动函数

$$int \quad fseek(FILE * fp , long \quad offset,int \quad base)$$

该函数把 fp 所指定文件的读写位置指针设置到相对 base 位移量 offset 的地方。offset 为相对于 base 的位移量,base 为相对位移时的基点,可以取 0(文件开头)、1(文件当前位置)和 2(文件末尾)这三个树中的一个。

fseek 函数一般用于二进制文件,因为文本文件要发生字符转换,计算位置时往往会发生混乱。

下面是 fseek 函数调用的几个例子:

```
fseek (fp,100L,0);      /* 将位置指针从文件头向前移动 100 个字节 */
fseek (fp,50L,1);       /* 将位置指针从当前位置向前移动 50 个字节 */
fseek (fp,−30L,1);      /* 将位置指针从当前位置往后移动 30 个字节 */
fseek (fp,−10L,2);      /* 将位置指针从文件末尾处向后退 10 个字节 */
```

【例11.12】 编程读出文件 stud. dat 中第三个学生的数据。

```
#include"stdio. h"
#include"stdlib. h"
struct student
{ int num;
  char name[20];
  char sex;
  int age;
  int score;
};
main()
{ struct student stud;
  FILE * fp;
  int i=2;       /* 从文件头向后移动两步,指向第三个学生的数据 */
                 /* 变量 i 将用在后面的 fseek 函数中 */
  if ((fp=fopen("stud. dat","rb"))==NULL)
  { printf("can't open file stud. dat\n");
    exit(1);
  }
  fseek(fp,i * sizeof(struct student),0);
  if (fread(&stud,sizeof(struct student),1,fp)==1)
```

```
    printf("%d,%s,%c,%d,%f\n",stud. num,stud. name,stud. sex,stud. age,stud. score);
    fclose(fp);
}
```

3. 取指针当前位置函数

$$long \ ftell(FILE \ * \ fp)$$

该函数用于取得流式文件当前读写位置,它是用相对于文件开头位移量来表示的。正常返回值为位移量,返回值为 -1 表示出错,前述的 EOF 值即为 -1。

【例11.13】 可以用 fseek 函数把位置指针移到文件尾,再用 ftell 函数获得这时位置指针距文件头的字节数,这个字节数就是文件的长度。

```
#include〈stdio. h〉
main()
{
    FILE * fp;
    char filename[80];
    long length;
    printf("输入文件名:");
    gets(filename);
    fp=fopen(filename,"rb");                 /*以二进制读文件方式打开文件*/
    if(fp==NULL)
        printf("file not found!\n");
    else
    {
        fseek(fp,OL,SEEK_END);          /*把文件的位置指针移到文件尾*/
        length=ftell(fp);                        /*获取文件长度*/
        printf("该文件的长度为%1d 字节\n",length);
        fclose(fp);
    }
}
```

11.8　文件状态检查函数

在对文件的状态进行测试时,常用到文件状态检查函数,C 语言中有三个:

1. 文件结束检测函数 feof()

$$int \ feof \ (FILE \ * \ fp)$$

该函数用于判断文件结束,返回值为 0 表示文件尚未结束。该函数在例 13.4 与例 13.6 中均用来判断读文件是否结束。

2. 读写文件出错检测函数 ferror()

$$int \ ferror \ (FILE \ * \ fp)$$

该函数用于在调用各种输入输出函数时检查函数是否出错。当函数返回值为 0 表示没有出错,返回值为非 0 值时表示出错。

在执行 fopen 函数时,ferror 函数的初始值将被自动置为 0。

我们经常用下面的这种方式来调用 ferror 函数:

```
if (ferror(fp))
{
    printf("Operation of File is Error!\n");
    fclose(fp);
    exit(0);
}
```

3. 将文件出错标志和文件结束标志置 0 的函数 clearerr()

$$void \ clearerr(FILE \ * \ fp)$$

该函数用于将文件的错误标志设置为 0。当文件输入输出函数出现错误时,其错误标志被设置为非 0,该值将一直保持到再一次调用 I/O 函数(文件打开时错误标志也设置 0)或者 clearerr( )函数才改变。该函数没有返回值。

第 12 章　编译预处理

在前面各章中，我们已多次使用过以"♯"号开头的预处理命令。例如包含命令♯ include，宏定义命令♯ define 等。在源程序中这些命令都放在函数之外，而且一般都放在源文件的前面，我们称它们为预处理部分。

所谓预处理是指在进行编译的第一遍扫描（词法扫描和语法分析）之前所做的工作。预处理是 C 语言的一个重要功能，它由预处理程序负责完成。当对一个源文件进行编译时，系统将自动引用预处理程序对源程序中的预处理部分作处理，处理完毕自动进入对源程序的编译。必须正确区别预处理命令和 C 语言、区别预处理和编译。

C 语言提供了多种预处理功能，例如宏定义、文件包含、条件编译等。合理地使用预处理功能编写的程序便于阅读、修改、移植和调试，也有利于模块化程序设计。本章介绍常用的几种预处理功能。

12.1　宏定义

在 C 语言源程序中允许用一个标识符来表示一个字符串，称为"宏"。被定义为"宏"的标识符称为"宏名"。在编译预处理时，对程序中所有出现的"宏名"，都用宏定义中的字符串去代换，这称为"宏代换"或"宏展开"。

宏定义是由源程序中的宏定义命令完成的。宏代换是由预处理程序自动完成的。在 C 语言中，"宏"分为有参数和无参数两种。下面分别讨论这两种"宏"的定义和调用。

12.1.1　不带参数的宏定义

不带参数的宏定义其一般形式为：

♯define 标识符　字符串

其中的"♯"表示这是一条预处理命令。凡是以"♯"开头的均为预处理命令。"define"为宏定义命令。"标识符"为所定义的宏名。一般程序员习惯使用大写字母命名宏名。"字符串"可以是常数、表达式、格式串等。在前面介绍过的符号常量的定义就是一种无参宏定义。此外，常对程序中反复使用的表达式进行宏定义。

定义了宏之后，用标识符（宏名）代替字符串的内容，称为宏定义的使用。在进行预编译时，宏将由字符串替换，称为宏扩展。

例如：♯define　PI　3.1415926

　　　　♯define　HI "Nice to meet you!"

第一个宏定义宏名为 PI，程序中凡是用到圆周率值 3.1415926 的地方都可用 PI 替换。在预编译时，则将 PI 替换为 3.1415926。第二个宏定义也进行类似的替换操作。

【例12.1】　输入半径和高，求出圆柱体的体积。

♯include〈stdio. h〉

```
♯define  PI  3.1415926
main( )
{   float r,h,v1;
    printf("Please  enter  radius  and  height  of  cylinder:");
    scanf("%f %f",&r,&h);   /＊圆柱体体积＊/
    v1=PI＊r＊r＊h;
    printf("\n The  volume of  cylinder  is  %10.3f",v1);
}
```

运行结果为：

　　Please enter radius and height of cylinder:3,4

　　The volume of cylinder is 113.097

使用宏定义时应注意：

(1)宏定义前必须使用"♯"号,且"♯"号前只允许有若干的空格或制表符,不允许出现其他字符。每个宏定义单独占一行,若在一个文件或程序中出现多个宏定义,要占用多行。通常将宏定义放在程序开头,"♯"号放在每行的第一个字符位置。

(2)宏名通常使用大写字母标识,以区别变量名或函数名,但使用小写字母作为标识没有错误,强烈建议读者使用前者。宏定义的结束标志为换行符(敲回车),不能使用";"。

(3)宏定义后,在进行宏扩展时机械地将字符串替换宏名,并不进行语法检查,使用时要非常小心。

(4)通常宏定义放在一个程序开头,使其在本程序内全程有效,也可使用宏定义结束命令♯undef 结束宏,使宏定义在程序中部分有效。

【例12.2】 输出一个字符串,利用宏定义表示该字符串。

```
♯define HI"Nice to meet you!"            /＊定义宏＊/
main( )
{ printf(HI);
♯undef HI                               /＊结束宏定义＊/
printf(HI);
}
```

该程序在♯undef 命令之前可输出"Nice to meet you!",在该命令后系统编译时会提示存在错误,即没有定义 HI,因为宏定义作用域范围仅在♯define 命令和♯undef 命令之间。

(5)宏定义可以嵌套,即在定义时可使用已定义过的宏名。

例如:♯define S (s＊s)

　　　　♯defineSS (2＊S)

则 t＝SS;宏扩展为 t＝(2＊(s＊s));

(6)在程序中使用" "(双引号)括起来的字符串,即使与宏名相同,也不进行替换。当宏定义超过一行时,可用\(反斜杠)将定义分为几行。若要求定义的内容连接着,则后一行的首字符必须与最前面对齐,不能缩排。

【例12.3】 输出一个长字符串,要求使用宏定义。

```
♯define HELLO "Ladies and gentlemen, good evening!
```

Welcome to my party ．"

main( )

{ printf("HELLO! \n");

printf(HELLO);

}

运行结果为：

HELLO!

Ladies and gentlemen，good evening！Welcome to my party．

(7)宏定义可改变数据类型的表示方法，但不能创造新的数据类型。

例如：♯define　DATATYPE float

则将 x，y，z 定义为 float 可表示如下：

$$DATATYPE　x ，y，z;$$

注意：将类型作为宏定义的字符串时，该类型必须为已有或已定义类型。

12.1.2　带参数的宏定义

C 语言允许宏带有参数。在宏定义中的参数称为形式参数，在宏调用中的参数称为实际参数。对带参数的宏，在调用中，不仅要宏展开，而且要用实参去代换形参。

其一般形式为：

♯define 标识符（形参表）　字符串

带参数的宏定义在进行宏扩展时不仅要将字符串替换标识符，还要将字符串中的形式参数用实参替换。

【例12.4】　定义及使用宏定义计算圆周长。

```
♯define PI 3.1415926          /＊无参宏定义＊/
♯define P(r) (2＊PI＊(r))      /＊带参宏定义，嵌套定义 ＊/
main()
{float   pre,r1;
scanf("%f",&r1);
pre＝P(r1);                    /＊使用宏,且实参为 r1 ＊/
printf("The preference of circle is %10.3f",pre);
}
```

在使用 P(r1)时，该宏扩展为(PI＊2＊r1)：

①字符串替换(PI＊2＊(r))

②参数替换：将形参 r 用实参 r1 替换(PI＊2＊(r))

带参数的宏定义与不带参数的宏定义的定义和使用方式大致相同，对于带参的宏定义有以下问题需要说明：

(1)带参宏定义中，宏名和形参表之间不能有空格出现。

例如：把♯define MAX(a,b) (a＞b)?a:b 写为：♯define MAX　(a,b) (a＞b)?a:b 将被认为是无参宏定义，宏名 MAX 代表字符串 (a,b)(a＞b)?a:b。

宏展开时，宏调用语句：max＝MAX(x,y);将变为：max＝(a,b)(a＞b)?a:b(x,y);这

显然是错误的。

(2)在带参宏定义中,形式参数不分配内存单元,因此不必作类型定义。而宏调用中的实参有具体的值。要用它们去代换形参,因此必须作类型说明。这是与函数中的情况不同的。在函数中,形参和实参是两个不同的量,各有自己的作用域,调用时要把实参值赋予形参,进行"值传递"。而在带参宏中,只是符号代换,不存在值传递的问题。

(3)在宏定义中的形参是标识符,而宏调用中的实参可以是表达式。

【例12.5】 宏定义的形参及宏调用中的实参表达式。

```
#define SQ(y) (y)*(y)
main()
{
    int a,sq;
    printf("input a number：");
    scanf("%d",&a);
    sq=SQ(a+1);
    printf("sq=%d\n",sq);
}
```

上例中第一行为宏定义,形参为 y。程序第七行宏调用中实参为 a+1,这是一个表达式,在宏展开时,用 a+1 代换 y,再用(y)*(y) 代换 SQ,得到如下语句:sq=(a+1)*(a+1);这与函数的调用是不同的,函数调用时要把实参表达式的值求出来再赋予形参。而宏代换中对实参表达式不作计算直接地照原样代换。

(4)在宏定义中,字符串内的形参通常要用括号括起来以避免出错。在上例中的宏定义中(y)*(y)表达式的 y 都用括号括起来,因此结果是正确的。如果去掉括号,把程序改为以下形式:

```
#define SQ(y) y*y
main()
{
    int a,sq;
    printf("input a number：");
    scanf("%d",&a);
    sq=SQ(a+1);
    printf("sq=%d\n",sq);
}
```

运行结果为:

input a number:3

sq=7

同样输入 3,但结果却是不一样的。问题在哪里呢? 这是由于代换只作符号代换而不作其他处理造成的。宏代换后将得到以下语句:sq=a+1*a+1;由于 a 为 3,故 sq 的值为 7。这显然与题意相违,因此参数两边的括号是不能少的。即使在参数两边加括号还是不够的,请看下面程序:

```
#define SQ(y) (y) * (y)
main()
{
    int a,sq;
    printf("input a number: ");
    scanf("%d",&a);
    sq=160/SQ(a+1);
    printf("sq=%d\n",sq);
}
```

本程序与前例相比,只把宏调用语句改为:sq=160/SQ(a+1);运行本程序如输入值仍为 3 时,希望结果为 10。但实际运行的结果如下:input a number:3　sq=160。为什么会得这样的结果呢?分析宏调用语句,在宏代换之后变为:sq=160/(a+1) * (a+1);a 为 3 时,由于"/"和" * "运算符优先级和结合性相同,则先做 160/(3+1)得 40,再做 40 * (3+1)最后得 160。为了得到正确答案应在宏定义中的整个字符串外加括号,程序修改如下:

```
#define SQ(y) ((y) * (y))
main()
{
    int a,sq;
    printf("input a number: ");
    scanf("%d",&a);
    sq=160/SQ(a+1);
    printf("sq=%d\n",sq);
}
```

以上讨论说明,对于宏定义不仅应在参数两侧加括号,也应在整个字符串外加括号。

(5)带参的宏和带参函数很相似,但有本质上的不同,除上面已谈到的各点外,把同一表达式用函数处理与用宏处理两者的结果有可能是不同的。

【例12.6】　带参函数。

```
#include<stdio.h>
SQ(int y)
{
    return((y) * (y));
}
main()
{
    int i=1;
    while(i<=5)
    printf("%d\n",SQ(i++));
}
```

【例12.7】 带参的宏。

```
#define SQ(y) ((y)*(y))
main()
{
    nt i=1;
    while(i<=5)
    printf("%d\n",SQ(i++));
}
```

在上例中函数名为 SQ,形参为 Y,函数体表达式为((y)*(y))。在例 12.7 中宏名为 SQ,形参也为 y,字符串表达式为(y)*(y)),两例是相同的。例 12.6 的函数调用为 SQ(i++),例 12.7 的宏调用为 SQ(i++),实参也是相同的。从输出结果来看,却大不相同。分析如下:在例 12.6 中,函数调用是把实参 i 值传给形参 y 后自增 1,然后输出函数值,因而要循环 5 次。输出 1~5 的平方值。而在例 12.7 中宏调用时,只作代换。SQ(i++)被代换为((i++)*(i++))。在第一次循环时,由于 i 等于 1,其计算过程为:表达式中前一个 i 初值为 1,然后 i 自增 1 变为 2,因此表达式中第 2 个 i 初值为 2,相乘的结果也为 2,然后 i 值再自增 1,得 3。在第二次循环时,i 值已有初值为 3,因此表达式中前一个 i 为 3,后一个 i 为 4,乘积为 12,然后 i 再自增 1 变为 5。进入第三次循环,由于 i 值已为 5,所以这将是最后一次循环。计算表达式的值为 5*6 等于 30。i 值再自增 1 变为 6,不再满足循环条件,停止循环。从以上分析可以看出函数调用和宏调用二者在形式上相似,但在本质上是完全不同的。

(6)宏定义也可用来定义多个语句,在宏调用时,把这些语句又代换到源程序内,看下面的例子。

【例12.8】 宏定义多个语句。

```
#define SSSV(s1,s2,s3,v) s1=l*w;s2=l*h;s3=w*h;v=w*l*h;
main(){
int l=3,w=4,h=5,sa,sb,sc,vv;
SSSV(sa,sb,sc,vv);
printf("sa=%d\nsb=%d\nsc=%d\nvv=%d\n",sa,sb,sc,vv);
}
```

程序第一行为宏定义,用宏名 SSSV 表示 4 个赋值语句,4 个形参分别为 4 个赋值符左部的变量。在宏调用时,把 4 个语句展开并用实参代替形参,使计算结果送入实参之中。

12.2　文件包含

文件包含是 C 语言预处理程序的另一个重要功能。

文件包含的一般形式为:

#include"文件名"或 #include〈文件名〉

其中文件包括两类文件,一类文件是由 C 语言编译系统提供的标准头文件,这些头文件包括了系统函数定义、宏定义、结构体类型定义、全局变量定义等。另一类文件为用户编写的文件,包括自定义函数、宏定义、结构体类型等。例如 stdio. h 文件为标准输入输出函数的头文件,math. h 为常用的数学函数头文件。

1. 标准头文件

【例12.9】 输入一个数,求其二次方根值。

```
#include〈stdio.h〉
#include〈math.h〉
main( )
{ float  x,y;
printf("Please  enter  a  data:");
scanf("%f",&x);                /* 标准输入函数,其定义在 stdio.h 中 */
y=sqrt(x);                     /* sqrt ( )函数在 math.h 中定义 */
printf ("\n  The  value  is  %10.2f",y);
                               /* 标准输出函数定义在 stdio.h 中 */
}
```

2. 自定义文件

【例12.10】 将 f1.c 包含到 f2.c 中并输出相应结果。

文件 f1.c (或命名为 f1.h)的内容:

```
#define  PR(s)  printf(s)
#define  FF" %f"
#define  DD "%f%d"
#define  TS "Please  enter  your  datas:"
#define  IN  scanf(DD,&x,&y)
```

文件 f2.c 内容如下:

```
#include "f1.c"或"f1.h"  /* 包含自定义文件 */
#include〈stdio.h〉   /* 包含标准输入输出头文件 */
main( )
{int  x;
float  y,z;
PR(TS);
IN
z=x*y;
PR(FF,z);
}
```

对文件包含命令还要说明以下几点:

1. 包含命令中的文件名可以用双引号括起来,也可以用尖括号括起来。例如以下写法都是允许的:#include"stdio.h",#include〈math.h〉。但是这两种形式是有区别的:使用尖括号表示在包含文件目录中去查找(包含目录是由用户在设置环境时设置的),而不在源文件目录去查找;使用双引号则表示首先在当前的源文件目录中查找,若未找到才到包含目录中去查找。用户编程时可根据自己文件所在的目录来选择某一种命令形式。

2. 一个 include 命令只能指定一个被包含文件,若有多个文件要包含,则需用多个 include 命令。

3. 文件包含允许嵌套,即在一个被包含的文件中又可以包含另一个文件。

12.3　条件编译

预处理程序提供了条件编译的功能,可以按不同的条件去编译不同的程序部分,因而产生不同的目标代码文件,这对于程序的移植和调试是很有用的。

根据相应条件确定某程序段是否进行编译的预处理称为条件编译。条件编译有三种形式,♯ifdef、♯ifndef、♯if 命令形式。

1. ♯ifdef 形式

♯ifdef 的一般形式为:

```
♯ifdef 标识符
程序段 1
♯else
程序段 2
♯endif
```

该预处理语句的含义为:如果标识符已由 ♯define 定义过,则编译程序段 1,否则编译程序段 2。

【例 12.11】　显示不同调试信息的程序段。

```
♯ define TEST   1
♯ ifdef   TEST
  printf("x=%d,y=%d,z=%d",x,y,z);/ * 有宏定义 TEST 则输出 x,y,z * /
♯else
  printf("a=%f, b=%f ,c=%f",a ,b ,c);/ * 无宏定义 TEST 则输出 a,b,c * /
♯endif    / * 结束条件编译 * /
```

此例中,由于定义了宏 TEST,则编译前一个 printf 函数,输出 x,y,z 三个整型数值。若去掉 TEST 的宏定义,则编译第 2 个 printf 函数,输出浮点类型数值 a,b,c。若只需调试 x,y,z 的值,则可将 ♯else 及其后的 printf 函数去掉,无宏定义时不编译任何语句。

2. 用 ♯ifndef 形式

♯ifndef 的一般形式为:

```
♯ifndef 标识符
程序段 1
♯else
程序段 2
♯endif
```

该结构的含义为当标识符未被定义过时,则编译程序段 1,否则编译程序段 2。此结构含义与 ♯ifdef 结构正好相反。

【例 12.12】　判断某个变量的值是否合法。

```
♯define   MAX   200
♯ifndef   MAX
printf("Please enter a data:\n");
scanf("%d",&a);
```

```
if((a>=0&&a<=100)
    printf("The  data  is  %d", a);
else
    printf("Input  error!");
#endif
```

上例为省略♯else 结构的预处理语句，当未定义 MAX 时，则输入某个数据，判断其值是否合法，合法数据为在 0～100 之间。

3. ♯if 形式

♯if 的一般形式为：

```
#if〈表达式〉
程序段 1
#else
程序段 2
#endif
```

该结构的含义与 if-else 结构相似，先计算表达式的值，若表达式的值为真（非零值），则编译程序段 1，否则编译程序段 2。它只编译其中的一个分句结构，若省略♯else 分句则有可能不编译任何的程序段；而 if-else 结构代码段均编译，在执行时根据条件运行不同的代码段。♯if 结构必须修改代码段重新编译才能执行不同的分支结构，用 if 结构则多次运行时改变表达式值即可执行不同的分支。

【例 12.13】　按照条件输出圆的面积或正方形的面积。

```
#define R 1
#definePI  3.14159
main(){
float c,r,s;
printf ("input a number: ");
scanf("%f",&c);
#if R
{r=PI*c*c;
printf("area of round is: %f\n",r);}
#else
{s=c*c;
printf("area of square is: %f\n",s);}
#endif
}
```

本例中采用了第三种形式的条件编译。在程序第一行宏定义中，定义 R 为 1，因此在条件编译时，常量表达式的值为真，故计算并输出圆面积。定义 R 为 0，因此在条件编译时，常量表达式的值为假，故计算并输出正方形的面积。上面介绍的条件编译当然也可以用条件语句来实现。但是用条件语句将会对整个源程序进行编译，生成的目标代码程序很长，而采用条件编译，则根据条件只编译其中的程序段 1 或程序段 2，生成的目标程序较短。如果条件选择的程序段很长，采用条件编译的方法是十分必要的。

附　　录

附录 1　ASCII 码表

十进制数值	十六进制值	终端显示	ASCII 助记名	备注
0	00	^@	NUL	空
1	01	^A	SOH	文件头的开始
2	02	^B	STX	文本的开始
3	03	^C	ETX	文本的结束
4	04	^D	EOT	传输的结束
5	05	^E	ENQ	询问
6	06	^F	ACK	确认
7	07	^G	BEL	响铃
8	08	^H	BS	后退
9	09	^I	HT	水平跳格
10	0A	^J	LF	换行
11	0B	^K	VT	垂直跳格
12	0C	^L	FF	格式馈给
13	0D	^M	CR	回车
14	0E	^N	SO	向外移出
15	0F	^O	SI	向内移入
16	10	^P	DLE	数据传送换码
17	11	^Q	DC1	设备控制 1
18	12	^R	DC2	设备控制 2
19	13	^S	DC3	设备控制 3
20	14	^T	DC4	设备控制 4
21	15	^U	NAK	否定
22	16	^V	SYN	同步空闲
23	17	^W	ETB	传输块结束
24	18	^X	CAN	取消
25	19	^Y	EM	媒体结束
26	1A	^Z	SUB	减
27	1B	^[	ESC	退出
28	1C	^*	FS	域分隔符

十进制数值	十六进制值	终端显示	ASCII 助记名	备注
29	1D	⁻]	GS	组分隔符
30	1E	~	RS	记录分隔符
31	1F	⁻_	US	单元分隔符
32	20	（Space）	Space	
33	21	!	!	
34	22	"	"	
35	23	#	#	
36	24	$		
37	25	%		
38	26	&		
39	27	'		
40	28	(		
41	29	)		
42	2A	*		
43	2B	+		
44	2C	,		
45	2D	—		
46	2E	.		
47	2F	/		
48	30	0		
49	31	1		
50	32	2		
51	33	3		
52	34	4		
53	35	5		
54	36	6		
55	37	7		
56	38	8		
57	39	9		

十进制数值	十六进制值	终端显示	ASCII 助记名	备注
58	3A	:		
59	3B	;		
60	3C	<		
61	3D	=		
62	3E	>		
63	3F	?		
64	40	@		
65	41	A		
66	42	B		
67	43	C		
68	44	D		
69	45	E		
70	46	F		
71	47	G		
72	48	H		
73	49	I		
74	4A	J		
75	4B	K		
76	4C	L		
77	4D	M		
78	4E	N		
79	4F	O		
80	50	P		
81	51	Q		
82	52	R		
83	53	S		
84	54	T		
85	55	U		
86	56	V		
87	57	W		

十进制数值	十六进制值	终端显示	ASCII 助记名	备注
88	58	X		
89	59	Y		
90	5A	Z		
91	5B	[		
92	5C	\		
93	5D	]		
94	5E	^		
95	5F	_		
96	60	'		
97	61	a		
98	62	b		
99	63	c		
100	64	d		
101	65	e		
102	66	f		
103	67	g		
104	68	h		
105	69	i		
106	6A	j		
107	6B	k		
108	6C	l		
109	6D	m		
110	6E	n		
111	6F	o		
112	70	p		
113	71	q		
114	72	r		
115	73	s		
116	74	t		
117	75	u		
118	76	v		

十进制数值	十六进制值	终端显示	ASCII 助记名	备注
119	77	w		
120	78	x		
121	79	y		
122	7A	z		
123	7B	{		
124	7C	¦		
125	7D	}		
126	7E	~		
127	7F		DEL	Delete

附录 2　运算符优先级和结合性

优先级	运算符	结合性
1	()　[]　−　>	自左向右
2	!　~　++　−−　~(type)　*　&　sizeof	自右向左
3	*　/　%	自左向右
4	+　−	自左向右
5	<<　>>	自左向右
6	<<=　>>=	自左向右
7	==　!=	自左向右
8	&	自左向右
9	^	自左向右
10	|	自左向右
11	&&	自左向右
12	‖	自左向右
13	?:	自右向左
14	=　+=　−=　*= /=　%=　&=　^=	自右向左
15	,	自左向右

附录 3　常用 C 标准库函数

输入输出函数(头文件为"stdio. h")

函数名	函数和形参类型	功能	返回值
clearerr	void clearer(fp); FILE * fp;	清除文件指针错误指示器	无
close	int close(fp); int fp;	关闭文件(非 ANSI 标准)	关闭成功返回 0,不成功返回－1
creat	int creat(filename,mode); char * filename; int mode;	以 mode 所指定的方式建立文件 (非 ANSI 标准)	成功返回正数,否则返回－1
eof	int eof(fp); int fp;	判断 fp 所指的文件是否结束	文件结束返回 1,否则返回 0
fclose	int fclose(fp); FILE * fp;	关闭 fp 所指的文件,释放文件缓冲区	关闭成功返回 0,不成功返回非 0
feof	int feof(fp); FILE * fp;	检查文件是否结束	文件结束返回非 0,否则返回 0
ferror	int ferror(fp); FILE * fp;	测试 fp 所指的文件是否有错误	无错返回 0,否则返回非 0
fflush	int fflush(fp); FILE * fp;	将 fp 所指的文件的全部控制信息和数据存盘	存盘正确返回 0,否则返回非 0
fgets	char * fgets(buf,n,fp); char * buf;int n; FILE * fp;	从 fp 所指的文件读取一个长度为(n－1)的字符串,存入起始地址为 buf 的空间	返回地址 buf;若遇文件结束或出错则返回 EOF
fgetc	int fgetc(fp); FILE * fp;	从 fp 所指的文件中取得下一个字符	返回所得到的字符,出错返回 EOF
fopen	FILE * fopen(filename,mode); char * filename, * mode;	以 mode 指定的方式打开名为 filename 的文件	成功,则返回一个文件指针,否则返回 0
fprintf	int fprintf(fp,format,args,…); FILE * fp;char * format;	把 args 的值以 format 指定的格式输出到 fp 所指的文件中	实际输出的字符数
fputc	int fputc(ch,fp); char ch;FILE * fp;	将字符 ch 输出到 fp 所指的文件中	成功则返回该字符,出错返回 EOF
fputs	int fputs(str,fp); char str;FILE * fp;	将 str 指定的字符串输出到 fp 所指的文件中	成功则返回 0,出错返回 EOF
fread	int fread(pt,size,n,fp);char * pt; unsigned size,n;FILE * fp;	从 fp 所指定文件中读取长度为 size 的 n 个数据项,存到 pt 所指向的内存区	返回所读的数据项个数,若文件结束或出错返回 0
fscanf	int fscanf(fp,format,args,…); FILE * fp;char * format;	从 fp 指定的文件中按给定的 format 格式将读入的数据送到 args 所指向的内存变量中(args 是指针)	以输入的数据个数
fseek	int fseek(fp,offset,base); FILE * fp;long offset;int base;	将 fp 指定的文件的位置指针移到 base 所指出的位置为基准、以 offset 为位移量的位置	返回当前位置,否则返回－1

续表

函数名	函数和形参类型	功能	返回值
ftell	FILE * fp; long ftell(fp);	返回 fp 所指定的文件中的读写位置	返回文件中的读写位置;否则,返回 0
fwrite	int fwrite(ptr,size,n,fp);char * ptr; unsigned size,n;FILE * fp;	把 ptr 所指向的 n * size 个字节输出到 fp 所指向的文件中	写到 fp 文件中的数据项的个数
getc	int getc(fp); FILE * fp;	从 fp 所指向的文件中读出下一个字符	返回读出的字符;若文件出错或结束返回 EOF
getchar	int getchat();	从标准输入设备中读取下一个字符	返回字符;若文件出错或结束返回—1
gets	char * gets(str); char * str;	从标准输入设备中读取字符串存入 str 指向的数组	成功返回 str,否则返回 NULL
open	int open(filename,mode); char * filename;int mode;	以 mode 指定的方式打开已存在的名为 filename 的文件 (非 ANSI 标准)	返回文件号(正数);如打开失败返回—1
printf	int printf(format,args,…); char * format;	在 format 指定的字符串的控制下,将输出列表 args 的值输出到标准设备	输出字符的个数;若出错返回负数
prtc	int prtc(ch,fp); int ch;FILE * fp;	把一个字符 ch 输出到 fp 所指的文件中	输出字符 ch;若出错返回 EOF
putchar	int putchar(ch); char ch;	把字符 ch 输出到 fp 标准输出设备	返回换行符,若失败返回 EOF
puts	int puts(str); char * str;	把 str 指向的字符串输出到标准输出设备;将'\0'转换为回车行	返回换行符,若失败返回 EOF
putw	int putw(w,fp);int i; FILE * fp;	将一个整数 i(即一个字)写到 fp 所指的文件中(非 ANSI 标准)	返回读出的字符;若文件出错或结束返回 EOF
read	int read(fd,buf,count); int fd;char * buf; unsigned int count;	从文件号 fp 所指定文件中读 count 个字节到由 buf 指示的缓冲区(非 ANSI 标准)	返回真正读出的字节个数,如文件结束返回 0,出错返回—1
remove	int remove(fname); char * fname;	删除以 fname 为文件名的文件	成功返回 0;出错返回—1
rename	int remove(oname,nname); char * oname, * nname;	把 oname 所指的文件名改为由 nname 所指的文件名	成功返回 0;出错返回—1
rewind	void rewind(fp); FILE * fp;	将 fp 指定的文件指针置于文件头,并清除文件结束标志和错误标志	无
scanf	int scanf(format,args,…); char * format;	从标准输入设备按 format 指示的格式字符串规定的格式,输入数据给 args 所指示的单元。args 为指针	读入并赋给 args 数据个数。如文件结束返回 EOF,若出错返回 0
write	int write(fd,buf,count);int fd; char * buf;unsigned count;	从 buf 指示的缓冲区输出 count 个字符到 fd 所指的文件中(非 ANSI 标准)	返回实际写入的字节数,如出错返回—1

数学函数(头文件为"math. h")

函数名	函数和形参类型	功能	返回值
acos	double acos(x); double x;	计算 $\cos^{-1}(x)$ 的值 $-1<=x<=1$	计算结果
asin	double asin(x); double x;	计算 $\sin^{-1}(x)$ 的值 $-1<=x<=1$	计算结果
atan	double atan(x); double x;	计算 $\tan^{-1}(x)$ 的值	计算结果
atan2	double atan2(x,y); double x,y;	计算 $\tan^{-1}(x/y)$ 的值	计算结果
cos	double cos(x); double x;	计算 $\cos(x)$ 的值 x 的单位为弧度	计算结果
cosh	double cosh(x); double x;	计算 x 的双曲余弦 $\cosh(x)$ 的值	计算结果
exp	double exp(x); double x;	求 e^x 的值	计算结果
fabs	double fabs(x); double x;	求 x 的绝对值	计算结果
floor	double floor(x); double x;	求出不大于 x 的最大整数	该整数的双精度实数
fmod	double fmod(x,y); double x,y;	求整除 x/y 的余数	返回余数的双精度实数
frexp	double frexp(val,eptr); double val; int * eptr;	把双精度数 val 分解成数字部分(尾数)和以 2 为底的指数,即 $val=x*2^n$,n 存放在 eptr 指向的变量中	数字部分 x $0.5<=x<1$
log	double log(x); double x;	求 $\log_e x$ 即 lnx	计算结果
log10	double log10(x); double x;	求 $\log_{10} x$	计算结果
modf	double modf(val,iptr); double val; int * iptr;	把双精度数 val 分解成数字部分和小数部分,把整数部分存放在 ptr 指向的变量中	val 的小数部分
pow	double pow(x,y); double x,y;	求 x^y 的值	计算结果
sin	double sin(x); double x;	求 $\sin(x)$ 的值 x 的单位为弧度	计算结果
sinh	double sinh(x); double x;	计算 x 的双曲正弦函数 $\sinh(x)$ 的值	计算结果
sqrt	double sqrt (x); double x;	计算 $\sqrt{x}$,$x>=0$	计算结果
tan	double tan(x); double x;	计算 $\tan(x)$ 的值 x 的单位为弧度	计算结果
tanh	double tanh(x); double x;	计算 x 的双曲正切函数 $\tanh(x)$ 的值	计算结果

字符函数(头文件为"ctype. h")

函数名	函数和形参类型	功能	返回值
isalnum	int　isalnum(ch); int　ch;	检查 ch 是否字母或数字	是字母或数字返回 1,否则返回 0
isalpha	int　isalpha(ch); int　ch;	检查 ch 是否字母	是字母返回 1,否则返回 0
iscntrl	int　iscntrl(ch); int　ch;	检查 ch 是否控制字符(其 ASCII 码在 0 和 0xlF 之间)	是控制字符返回 1,否则返回 0
isdigit	int　isdigit(ch); int　ch;	检查 ch 是否数字	是数字返回 1,否则返回 0
isgraph	int　isgraph(ch); int　ch;	检查 ch 是否是可打印字符(其 ASCII 码在 0x21 和 0x7e 之间),不包括空格	是可打印字符返回 1,否则返回 0
islower	int　islower(ch); int　ch;	检查 ch 是否是小写字母(a~z)	是小字母返回 1,否则返回 0
isprint	int　isprint(ch); int　ch;	检查 ch 是否是可打印字符(其 ASCII 码在 0x21 和 0x7e 之间),不包括空格	是可打印字符返回 1,否则返回 0
ispunct	int　ispunct(ch); int　ch;	检查 ch 是否是标点字符(不包括空格),即除字母、数字和空格以外的所有可打印字符	是标点字符返回 1,否则返回 0
isspace	int　isspace(ch); int　ch;	检查 ch 是否空格、跳格符(制表符)或换行符	是返回 1,否则返回 0
issupper	int　isalsupper(ch); int　ch;	检查 ch 是否大写字母(A~Z)	是大写字母返回 1,否则返回 0
isxdigit	int　isxdigit(ch); int　ch;	检查 ch 是否一个 16 进制数字(即 0~9,或 A 到 F,a~f)	是返回 1,否则返回 0
tolower	int　tolower(ch); int　ch;	将 ch 字符转换为小写字母	返回 ch 对应的小写字母
toupper	int　touupper(ch); int　ch;	将 ch 字符转换为大写字母	返回 ch 对应的大写字母

字符串函数(头文件为"string. h")

函数名	函数和形参类型	功能	返回值
memchr	void memchr(buf,chc,ount); void * buf;charch; unsigned int count;	在 buf 的前 count 个字符里搜索字符 ch 首次出现的位置	返回指向 buf 中 ch 的第一次出现的位置指针;若没有找到 ch,返回 NULL
memcmp	int memcmp(buf1,buf2,count); void * buf1,* buf2; unsigned int count;	按字典顺序比较由 buf1 和 buf2 指向的数组的前 count 个字符	buf1<buf2,为负数 buf1=buf2,返回 0 buf1>buf2,为正数
memcpy	void * memcpy(to,from,count); void * to,* from; unsigned int count;	将 from 指向的数组中的前 count 个字符拷贝到 to 指向的数组中。from 和 to 指向的数组不允许重叠	返回指向 to 的指针
memove	void * memove(to,from,count); void * to,* from; unsigned int count;	将 from 指向的数组中的前 count 个字符拷贝到 to 指向的数组中。from 和 to 指向的数组不允许重叠	返回指向 to 的指针
memset	void * memset(buf,ch,count); void * buf;char ch; unsigned int count;	将字符 ch 拷贝到 buf 指向的数组前 count 个字符中	返回 buf
strcat	char * strcat(str1,str2); char * str1,* str2;	把字符 str2 接到 str1 后面,取消原来 str1 最后面的串结束符'\0'	返回 str1
strchr	char * strchr(str1,ch); char * str; int ch;	找出 str 指向的字符串中第一次出现字符 ch 的位置	返回指向该位置的指针,如找不到,则应返回 NULL
strcmp	int * strcmp(str1,str2); char * str1,* str2;	比较字符串 str1 和 str2	str1<str2,为负数 str1=str2,返回 0 str1>str2,为正数
strcpy	char * strcpy(str1,str2); char * str1,* str2;	把 str2 指向的字符串拷贝到 str1 中去	返回 str1
strlen	unsigned intstrlen(str); char * str;	统计字符串 str 中字符的个数(不包括终止符'\0')	返回字符个数
strncat	char * strncat(str1,str2,count); char * str1,* str2; unsigned int count;	把字符串 str2 指向的字符串中最多 count 个字符连到字符串 str1 后面,并以 null 结尾	返回 str1
strncmp	int strncmp(str1,str2,count); char * str1,* str2; unsigned int count;	比较字符串 str1 和 str2 中至多前 count 个字符	str1<str2,为负数 str1=str2,返回 0 str1>str2,为正数
strncpy	char * strncpy(str1,str2,count); char * str1,* str2; unsigned int count;	把 str2 指向的字符串中最多前 count 个字符拷贝到字符串 str1 中去	返回 str1
strnset	void * setnset(buf,ch,count); char * buf;char ch; unsigned int count;	将字符 ch 拷贝到 buf 指向的数组前 count 个字符中	返回 buf

函数名	函数和形参类型	功能	返回值
strset	void * setnset(buf,ch); void * buf;char ch;	将 buf 所指向的字符串中的全部字符都变为字符 ch	返回 buf
strstr	char * strstr(str1,str2); char * str1, * str2;	寻找 str2 指向的字符串在 str1 指向的字符串中首次出现的位置	返回 str2 指向的字符串首次出现的地址。否则返回 NULL

动态存储分配函数(头文件为"stdlib.h")

函数名	函数和形参类型	功能	返回值
callloc	void * calloc(n,size); unsigned n; unsigned size;	分配 n 个数据项的内存连续空间,每个数据项的大小为 size	分配内存单元的起始地址。如不成功,返回 0
free	void free(p); void * p;	释放 p 所指内存区	无
malloc	void * malloc(size); unsigned SIZE;	分配 size 字节的内存区	所分配的内存区地址,如内存不够,返回 0
realloc	void * reallod(p,size); void * p; unsigned size;	将 p 所指的以分配的内存区的大小改为 size。size 可以比原来分配的空间大或小	返回指向该内存区的指针。若重新分配失败,返回 NULL

其他函数(头文件为"stdlib.h")

函数名	函数和形参类型	功能	返回值
atof	double atof(str); char * str;	将 str 指向的字符串转换为一个 double 型的值	返回双精度计算结果
atoi	int atoi(str); char * str;	将 str 指向的字符串转换为一个 int 型的值	返回转换结果
atol	long atol(str); char * str;	将 str 指向的字符串转换为一个 long 型的值	返回转换结果
exit	void exit(status); int status;	中止程序运行。将 status 的值返回调用的过程	无
itoa	char * itoa(n,str,radix); int n,radix; char * str;	将整数 n 的值按照 radix 进制转换为等价的字符串,并将结果存入 str 指向的字符串中	返回一个指向 str 的指针
labs	long labs(num); long num;	计算整数 num 的绝对值	返回计算结果
ltoa	char * ltoa(n,str,radix); long int n;int radix; char * str;	将长整数 n 的值按照 radix 进制转换为等价的字符串,并将结果存入 str 指向的字符串	返回一个指向 str 的指针
rand	int rand( );	产生 0 到 RAND_MAX 之间的伪随机数。RAND_MAX 在头文件中定义	返回一个伪随机(整)数

函数名	函数和形参类型	功能	返回值
random	int random(num); int num;	产生 0 到 num 之间的随机数	返回一个随机(整)数
rand_omize	void randomize( );	初始化随机函数,使用是包括头文件 time.h	
strtod	double strtod(start,end); char * start; char * * end;	将 start 指向的数字字符串转换成 double,直到出现不能转换为浮点的字符为止,剩余的字符串符给指针 end,* HUGE_VAL 是 turbo C 在头文件 math.h 中定义的数学函数溢出标志值	返回转换结果。若为转换则返回 0。若转换出错返回 HUGE_VAL 表示上溢,或返回 − HUGE_VAL 表示下溢
strtol	Long int strtol(start,end,radix); char * start; char * * end; int radix;	将 start 指向的数字字符串转换成 long,直到出现不能转换为长整型数的字符为止,剩余的字符串符给指针 end。转换时,数字的进制由 radix 确定。* LONG_MAX 是 turbo C 在头文件 limits.h 中定义的 long 型可表示的最大值	返回转换结果。若为转换则返回 0。若转换出错返回 LONG_MAX 表示上溢,或返回 − LONG_MAX 表示下溢
system	int system(str); char * str;	将 str 指向的字符串作为命令传递给 DOS 的命令处理器	返回所执行命令的退出状态